U0274459

移动信息化

徐荣　雷源　编著

中国宇航出版社
·北京·

版权所有 侵权必究

图书在版编目(CIP)数据

移动信息化 / 徐荣，雷源编著. -- 北京: 中国宇航出版社，2013.1

(移动改变生活系列丛书)

ISBN 978-7-5159-0356-9

Ⅰ. ①移… Ⅱ. ①徐… ②雷… Ⅲ. ①移动通信 Ⅳ. ①TN929.5

中国版本图书馆 CIP 数据核字(2012)第 300529 号

策划编辑 董 琳　　封面设计 文道思
责任编辑 董 琳 许 磊　　责任校对 李书梅

出版发行 中国宇航出版社
社 址 北京市阜成路 8 号　　邮 编 100830
(010)68768548
网 址 www.caphbook.com
经 销 新华书店
发行部 (010)68371900　　(010)88530478(传真)
(010)68768541　　(010)68767294(传真)
零售店 读者服务部　　北京宇航文苑
(010)68371105　　(010)62529336
承 印 北京嘉恒彩色印刷有限公司
版 次 2013 年 1 月第 1 版　　2013 年 1 月第 1 次印刷
规 格 787x960　　开 本 1/16
印 张 14.75　　字 数 223 千字
书 号 ISBN 978-7-5159-0356-9
定 价 69.00 元

本书如有印装质量问题，可与发行部联系调换

前言一

PREFACE 1

“移动改变生活”是中国移动通信集团公司（以下简称中国移动）为顺应国家经济和社会发展的需要而提出的战略愿景。2011年恰逢两个开局年，即《中华人民共和国国民经济和社会发展第十二个五年规划纲要》实施开局年和中国移动在“十二五”期间要实现“移动改变生活”战略愿景的开局年。

截至2012年2月份，中国移动用户总数达到6.61亿户，3G用户总数为5658.8万户。在这样的发展背景下，中国移动有责任向移动互联网产业链、各类用户及社会各界呈现移动信息化的现状和未来方向，明确指引中国特色信息技术的发展和演进方向，也将以此证明中国移动作为全球最大运营商的信息化综合运营能力。

中国移动在技术方面的标准化将全面推动TD-SCDMA技术发展，TD-LTE 标准化和产业化，网络IP化，OPhone、Mobile Market、云计算、物联网、M2M、智能管道等标准和技术的全面发展，逐步建立国家自主知识产权的信息化知识体系。

中国移动在移动信息化行业应用方面将极大地促进国家信息化发展，全面推进和普及无线城市、三网融合、移动阅读、移动支付、移动媒体、物联网应用、智能交通、智能家庭、行业信息化、移动电子商务等的技术与各行业深度应用和结合。

移动信息化是支撑无线城市发展的核心和基础，能促使无线城市蓬勃发展，高度契合政府战略规划，有效促进政府实现双化融合；同时，政府信息化战略也为移动信息化发展提供了良好的契机。

中国移动在个人信息应用方面将为个人用户提供丰富的应用，全面促进OPhone终端、Mobile Market、移动商务、无线音乐、移动股票、无线视频等应用技术的普及。

中国移动是推进实现移动信息化进程的生力军，首先要使移动体系内部对移动信息化有准确、一致和系统的认知及理解，其标准化工作则是最重要的第一步，以此为基础的教育与传播手段也是必经之路。

《移动改变生活》系列丛书将为中国移动持续推出和日益纷繁复杂的全业务产品进行全面和清晰的梳理，通过体系、模型、策略和工具呈现出移动信息化的本质、内涵、外延及价值，这将为中国移动实现语音业务、数据业务、信息业务及增值业务的综合运营与发展，通过广泛的传播、教育、体验、营销与服务基础消除运营商与用户之间的信息鸿沟起到积极的促进作用。

同时，这套丛书将帮助中国移动快速提升移动体系内部的市场能力，全面武装各类型与用户有关系的营销与服务人员，通过完整的知识体系不断增强各类渠道和营销人员的综合竞争力，全面带动移动信息化业务在各类型用户中的普及和深度营销。

通过图书、培训和认证等手段，面向中国移动体系内部及社会各界进行传播和教育，真正满足企业和行业对移动信息化知识及产品深度了解与学习的渴望，搭建起运营商与各类型用户之间的桥梁，这将大大缩短信息化产品市场与用户的距离，揭开移动信息化的神秘面纱，为移动信息化的产业化和商业化推广铺平道路。

同时，希望这套丛书能够强力推进各省市本地移动信息化与各行业深度结合的进程，为促进中国移动各省市移动信息化均衡发展，通过挖掘、呈现和传播各地区和各行业的信息化成功应用案例实现中国移动全国大发展和大跨越作出贡献。

徐　荣

2013年1月1日

于中国移动研究院

前言二

PREFACE 2

从农业到工业、从商业到互联网、从中国移动自有的手机操作系统平台OPhone平台到Mobile Market资源平台的推出、从移动互联网到物联网和云计算，其本质都是信息化带动经济发展而实现富民强国的必要过程。在这个过程中，传统商业凭借信息的不对等获得了快速发展，移动互联网则延伸了互联网的触角，物联网和三网融合把关乎人类发展和生活的要素高度组织起来。

如今，信息技术的发展比任何时代的速度都要快，其覆盖的范围和产生的商业规模更是超出了我们的想象。发达国家借助每一个历史时期的机遇获得了巨大的发展，无论是航海、金融、公司、股票、内燃机、电动机、汽车，还是电子、软件、芯片、电报、电话、IT、移动通信、互联网等行业，它们对历史的推动速度和规模都让我们惊叹，我们不得不思考，中国商业如何在新时代借助信息化技术获得快速发展。

当今最大的机遇是每一个产业都将被信息化技术连接起来，信息化能够将这一切整合起来产生巨大的商业价值和发展力量。在中国需要找到一种什么样的方式进行整合发展，究竟要依靠什么方式和力量进行驱动，这是一个极具意义和挑战的命题。

国外运营商和移动互联网公司的成功方式各不相同，例如日本和韩国以运营商为主导控制产业链的发展模式，美国以终端设备标准化驱动软件和应用的发展模式等，而中国的信息化成功模式则将是以个人、商业及各行业的综合深度应用而发展。

在本书中，我们通过对移动信息化的深度分析，尝试探索中国国情下的移动信息化发展，结合国家“十二五”对信息化的战略规划和要求，充分与中国最大的运营商——中国移动的发展现状相结合，通过对不同类型移动用户的使用习惯及需求的了解，诠释了中国特色移动信息化与商业结合而发展的应用模式。

数据业务、信息业务、增值业务及行业解决方案是实现移动信息化的具体手段和方法，这是中国移动为个人用户和行业用户提供的重点产品及服务，从开发到营销，从体验到反馈，是一个持续互动的过程，移动信息化产品和服务提供的不是简单的功能组合，而是与各行业深度结合及持续使用的完整过程，相信中国移动在这个领域的努力能够加速实现这个普及过程。

移动信息化的发展有两个动力，一是企业的大规模商业应用，二是个人用户的广泛使用。商业应用与个人应用两方面有机结合和互相促进，才是推进移动信息化广泛和深入应用的最大动力。

成功发展移动信息化，能使个人享受到更优质的产品和服务，能加速企业和行业实现信息化的进程，获得品牌的积累和持续的商业回报，对于国家而言将增强信息化的综合竞争力。

书中的重要观点节选自中国移动多位集团公司领导的讲话、观点和文件，本书在开发调研、编辑撰写、内容修订及教材转化的过程中也得到了中国移动多位集团公司领导、全国多家省市公司领导的支持与帮助，在此一并致谢。

我们希望本书能够帮助更多的个人、家庭、政企和行业用户理解移动信息化，正确选购和使用恰当的产品与服务，助力全国无线城市的发展和应用。同时，也希望广大用户为中国的移动信息化发展提出基于自身的需求和建议，每个人都能够使用移动信息化，同时也为传播、普及和发展信息化而贡献力量。

我们将不断努力推进中国移动信息化的进程，以标准化、规模化、可复制及常态化的工作标准，高质量、高速度和更广泛地实现传播、教育及应用的目标，为中国的移动信息化发展作出贡献。

雷 源

2013年1月1日

于深圳

目 录 CONTENTS

实施信息化是国家和中国移动的重点发展战略，它将极大地带动各行业的信息化发展。

中国移动肩负着实现移动信息化的重要使命，从标准到技术、从技术到应用的目标就是实现信息化。

第一章
中国移动的信息化战略解读

移动信息化发展是不可逆转的大趋势

“全球的互联网是以美国为中心的，未来的移动互联网将是中国引导世界。”这是2005年摩根士丹利发布的《互联网研究报告》中对产业发展趋势的一个判断；2009年12月，其又发布了最新的《移动互联网报告》。这期间，移动互联网技术的飞速发展已经对全世界产生了巨大的影响，但是全世界的移动互联网模式都是独特和不可复制的，特别是中国，将开创一条全新发展之路。

2009年，中国发生了三件与移动互联网密切相关的大事。

- 2009年1月7日，中国移动、中国电信和中国联通三家运营商同时获得了国家颁发的3G牌照，这一天，正式揭开了中国移动互联网迅速发展的新局面。
- 2009年，三网融合尘埃落定，为互联网、广电网和移动网的整合发展提供了清晰的方向。
- 2009年8月，温家宝总理有感于建立“感知中国”中心新理念，将物联网正式列为国家五大新兴战略性产业之一，写入《政府工作报告》。

从上述三件事中，我们可以发现信息化已是大势所趋，运营商是移动互联网价值链建设的主力军和基础，网络建设速度和基础服务的提供是移动互联网腾飞的前提。

自2009年起，三大运营商开始了新的征程，截至2012年1月份，三大运营商移动用户的发展情况如下[①]。

- 中国电信用户总数达到1.2925亿户，其中3G用户达到3894万户。
- 中国移动用户总数达到6.5544亿户，其中3G用户达到5394万户。
- 中国联通用户总数达到2.0289亿户，其中3G用户总数达到4307万户。

作为移动互联网的最终使用者——中国9亿手机用户，则是产业链中最重要的人群。他们对于移动互联网上游的创新并不能够完全理解，但是随着移动互联网技术的推进，一方面他们将逐步地理解和改变基于信息应用的习惯，另一方面

① 数据来源：三大运营商及工信部发布数据。

他们对于信息的选择和应用也将最终影响整个产业链的发展格局，但这将是一个缓慢过程。

进入21世纪，信息化管理和服务已经渗透到了社会生活的方方面面。与此同时，生活节奏的加快和社会经济的发展对移动信息化水平提出了更高要求，传统的信息化迫切需要向具有随时、随地、随身等灵活特性的移动信息化发展、升级。

随着全球信息化趋势的发展和用户习惯的改变，只有借助商业化的力量才能推进信息化发展。在推进信息化大规模发展的过程中，传统行业将逐步使用信息技术和产品、创新商业模式，新型商业将借助移动信息化实现腾飞，同时逐步主宰新型商业空间。在这个过程中，移动互联网引发产业链彻底重构，守旧的传统企业将逐步边缘化甚至被淘汰。

我国20世纪90年代开始推进信息化发展

国家对于信息化的定义是：信息化是充分利用信息技术，开发利用信息资源，促进信息交流和知识共享，提高经济增长质量，推动经济社会发展转型的历史进程。

信息化是当今世界发展的大趋势，是推动经济社会变革的重要力量。大力推进信息化，是覆盖我国现代化建设全局的战略举措，是贯彻落实科学发展观、全面建设小康社会、构建社会主义和谐社会和建设创新型国家的迫切需要和必然选择。

党中央、国务院一直高度重视信息化工作[①]。

- 20世纪90年代，以金关、金卡和金税为代表的重大信息化应用工程相继启动。
- 1997年，全国信息化工作会议召开。

① 摘自：《2006—2020年国家信息化发展战略》。

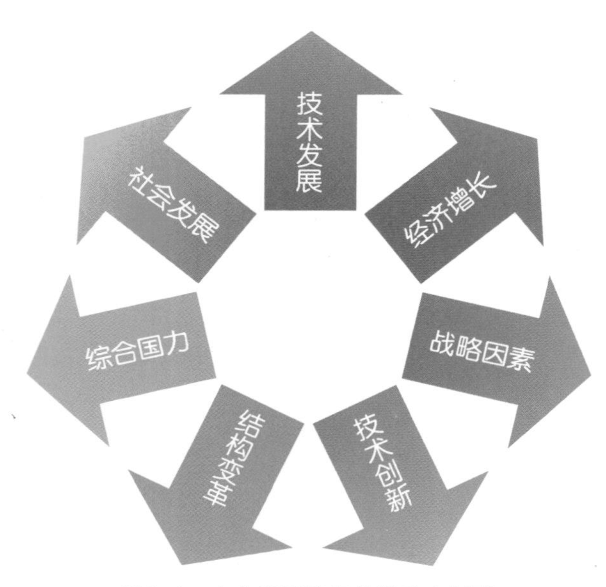

图1-1　大力发展信息化的动力因素

- 党的十五届五中全会把信息化提到了国家战略的高度。
- 党的十六大进一步作出了以信息化带动工业化、以工业化促进信息化、走新型工业化道路的战略部署。
- 党的十六届五中全会再一次强调，推进国民经济和社会信息化，加快转变经济增长方式。
- “十五”期间，国家信息化领导小组对信息化发展重点进行了全面部署，作出了推行电子政务、振兴软件产业、加强信息安全保障、加强信息资源开发利用、加快发展电子商务等一系列重要决策。

各地区各部门从实际出发，认真贯彻落实，不断开拓进取，我国信息化建设取得了可喜的进展。

移动信息化成为国家发展的重要手段

关于推进信息化的宏观背景

党中央、国务院十分重视信息化工作。党的十五届五中全会提出要大力推进国民经济和社会信息化，十六大提出将信息化带动工业化、工业化促进信息化作为走新型工业化道路的战略举措，十七大又从贯彻落实科学发展观的高度，对推进信息化作出新的部署，要求我们全面认识工业化、信息化、城镇化、市场化、国际化发展的新形势、新任务，大力推进信息化与工业化的融合。

为了贯彻落实党中央、国务院关于信息化发展的战略方针，国家发改委会同有关部门，在深入研究、充分调研和广泛征求社会各界意见的基础上，开展了《国民经济和社会发展信息化“十一五”规划》的编制工作，经党中央、国务院同意，已由中共中央办公厅、国务院办公厅正式印发。

该规划是国民经济和社会发展第十一个五年规划的重要组成部分，全面部署了“十一五”时期我国信息化发展的主要任务，明确了加快推进信息化与工业化融合的发展重点，是新阶段贯彻落实科学发展观的重要举措。

从国际发展趋势看

信息化正日益成为全球竞争的战略重点，是人类社会共同面临的难得机遇和重大挑战。全球信息化与经济全球化相互交织，加剧了经济社会发展的不平衡，对国家竞争力对比产生了前所未有的影响。发达国家和发展中国家竞相制定和实施国家信息化战略与行动计划，力图抢占未来发展的战略制高点。

信息技术的重大突破孕育着生产力的新飞跃。信息化突破时空局限，开创

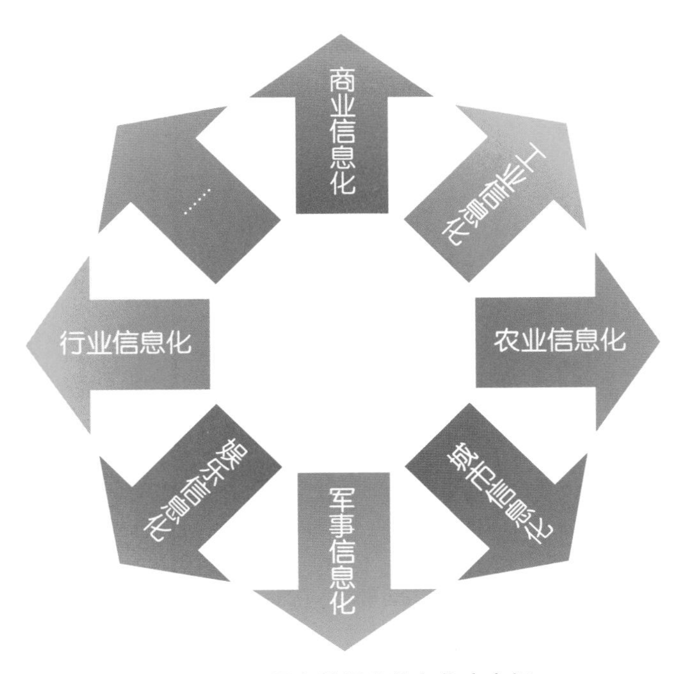

图1–2　无限大的行业信息化应市场

了技术创新和生产力发展的新局面。信息技术与生物、空间、纳米等技术深度融合、相互促进，新一轮技术变革蓄势待发。技术创新不断催生新理念、新应用和新产业，深刻地影响着世界经济发展模式，推动着生产力发生质的飞跃。

在全球信息化进程中，我国正处于从被动应对向自主发展转变的关键时期，加紧实施国家信息化发展战略，强化信息技术创新，已成为支撑现代化建设、增强国家综合实力的必然选择。

从国内发展实践看

信息化正在成为促进科学发展的重要手段。信息化的全面渗透和深入应用，不断推动社会生产力迈向新高度，显著提升了经济发展质量和工业化水平。信息资源的开发利用将极大地提高自然资源利用率，信息资源日益成为重要的战略资源和生产要素。“十一五”时期，我国经济发展面临越来越严重的资源、能源和环境压力，迫切要求全面转入科学发展的新阶段。

面对新形势、新要求，必须深化信息技术应用，深度开发生产、流通和其他经济运行领域的信息资源，大幅提高信息化对经济发展的贡献率，显著降低自然资源消耗水平，推动建设资源节约型、环境友好型社会；必须最大限度地发挥信息化在知识生产、利用、传播和积累方面的优势，加快建设创新型国家，实现科学发展。

同时，信息化也成为推进社会主义和谐社会建设的有效途径。信息网络日益成为拓宽群众参与、倾听群众呼声、沟通社情民意的重要渠道。构建民主法治、公平正义、诚信友爱、充满活力、安定有序、人与自然和谐相处的社会主

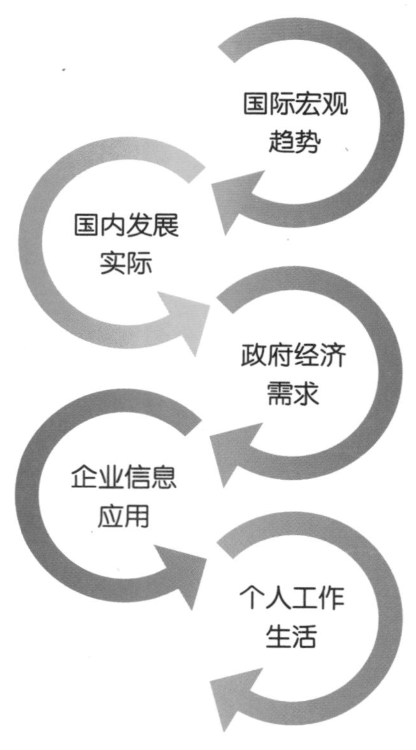

图1–3　由国家到行业和个人的应用构成实现全面信息化的过程

义和谐社会，解决就业、社会保障、医疗卫生、教育、安全生产等人民群众最关心、最直接、最现实的利益问题，迫切要求社会信息化与经济信息化并重并举、协调发展。

要切实提高公共服务和社会管理的信息化水平，努力减少信息化水平在不同地区、领域和社会群体间的差距，普遍提升国民信息技能，使全体公民更好地分享信息化成果。

个人用户是信息化的最终使用者和受益者，行业用户是信息化的整合者。

商业是国家经济的命脉，移动信息化首先带给个人用户利益和便利，之后为商业带来无限扩展的商业平台，最终将实现产业受益，带动各行业和国家发展。

信息化发展对中国经济社会的主要影响

信息技术发展和应用所推动的信息化，给人类经济和社会生活带来了深刻的影响。进入21世纪，信息化对经济社会发展的影响愈加显著，世界经济发展进程加快，信息化、全球化、多极化发展的大趋势十分明显。

信息化被称为推动现代经济增长的发动机和现代社会发展的均衡器，信息化与经济全球化，推动着全球产业分工深化和经济结构调整，改变着世界市场和世界经济竞争格局。

我国国民经济和社会发展信息化“十二五”规划主要关注经济、社会和政务领域的信息化，信息化是充分利用信息技术，开发利用信息资源，促进信息交流和知识共享，提高经济增长质量，推动经济社会发展转型的历史进程。

信息化发展对中国经济和社会具有十分重大的影响，我国信息化的五大应用领域如下。

- 经济领域的信息化，包括农业信息化、服务业信息化、两化融合、信息产业等。
- 社会领域的信息化，包括民生、公共卫生、劳动保障等。

- 政务领域的信息化，包括政府办公、对外服务等。
- 文化领域的信息化，包括图书、档案、文博、广电、网络治理等。
- 军事领域的信息化，包括装备、情报、指挥、后勤等。

信息化发展对中国经济社会的影响，主要表现在以下三个方面。

首先，信息化促进产业结构的调整、转换和升级。电子信息产品制造业、软件业、信息服务业、通信业、金融保险业等一批新兴产业迅速崛起，传统产业如煤炭、钢铁、石油、化工、农业在国民经济中的比重日渐下降，信息产业在国民经济中的主导地位越来越突出。

其次，信息化成为推动经济增长的重要手段。信息化经济的显著特征就是技术含量高、渗透性强、增值快，可以很大程度上优化对各种生产要素的管理及配置，从而使各种资源的配置达到最优状态，降低了生产成本，提高了劳动生产率，扩大了社会的总产量，推动了经济的增长。在信息化过程中，通过加大对信息资源的投入，可以在一定程度上替代各种物质资源和能源的投入，减少物质资源和能源的消耗，也改变了传统的经济增长模式。

最后，信息化引起生活方式和社会结构的变化。随着信息技术的不断进步，智能化的综合网络遍布社会各个角落，信息技术正在改变人类的学习方式、工作方式和娱乐方式。数字化的生产工具与消费终端广泛应用，使人类已经生活在一个被各种信息终端所包围的社会中，信息逐渐成为现代人类生活中不可或缺的重要元素之一。一些传统的就业岗位被淘汰，劳动力人口主要向信息部门集中，新的就业形态和就业结构正在形成。商业交易方式、政府管理模式、社会管理结构也在发生变化。

中国移动是推进信息化发展的生力军

在中国移动2006年发布的《关于向“移动信息专家”跨越的实施意见》中，确定了中国移动实施“新跨越战略”的战略定位：做世界一流企业，成为“移动信息专家”。现在，随着信息化在国家战略和人们生产生活中的地位逐渐提高以及电信行业重组的深入推进，中国移动为了更好地应对未来市场竞争和非对称管制，就必须摆脱以往的业务经营模式，坚持执行“新跨越战略”，继续推进向“移动信息专家”的转型。

2009年4月28日，《中国移动2009年企业社会责任报告》在北京正式发布。在深化实施企业社会责任五大工程的基础上，中国移动将“促进信息惠民”首度纳入责任报告中，反映出中国移动将企业社会责任与自身战略发展结合，发挥企业特长，积极探索可持续的责任履行方式。

这是中国移动连续第四年推出企业社会责任报告。与以往的报告不同，2009年的《企业社会责任报告》首次将推动社会信息化进程作为与中国移动自身资源能力关联最为紧密的重要责任，重点介绍了中国移动如何通过创新产品与服务，创造丰富的社会与环境价值。报告显示，在个人应用方面，手机报、手机视频、手机阅读方式的创新发展，手机支付、亲情手机定位、便民综合服务平台等多种新用途的开发，都推动手机成为影响日益广泛的新媒体，并带来更加便利、安全、丰富的生活体验。

与此同时，中国移动借助物联网发展契机，在交通物流、食品安全、市政管理、商业金融、医疗卫生和教育事业等领域创新推广信息化解决方案取得了初步成效，目前，M2M（机器到机器）终端数已达到300万台，年均增长超过 60%。其中，仅“校讯通”业务一项就覆盖全国超过30%的城镇中小学学校,服务总用户2623万,建立起家校互动的高效沟通平台。此外，中国移动在厦门率先完成了全球首个TD-SCDMA无线城市建设，通过覆盖全城的高速无线网络，开创了城市运行和百姓生活的新方式。

图1-4 中国移动推进通信和信息的发展，最终实现移动改变生活的战略愿景

中国移动是推进移动信息化发展的生力军

作为中国国有大型中央企业，中国移动始终践行与利益相关方“和谐共成长”的长期承诺，紧扣国家和社会发展主题，积极开展企业社会责任实践活动，在提升经济、社会和环境发展水平方面发挥了有力的推动作用。

在这种形势下，中国移动适时提出了从“移动通信专家”向“移动信息专家”跨越的新战略。

数据及增值业务作为信息服务的实现者和提供者，是“移动信息专家”的核心内涵和重要抓手，其战略目标是实现向“移动信息专家”跨越，核心使命是持续满足和创造客户需求，成为公司增长的主要驱动力、推动产业链发展。

中国移动从“移动通信专家”到“移动信息专家”，虽然只是一字之差，却是一场从观念到实践的深刻转变。

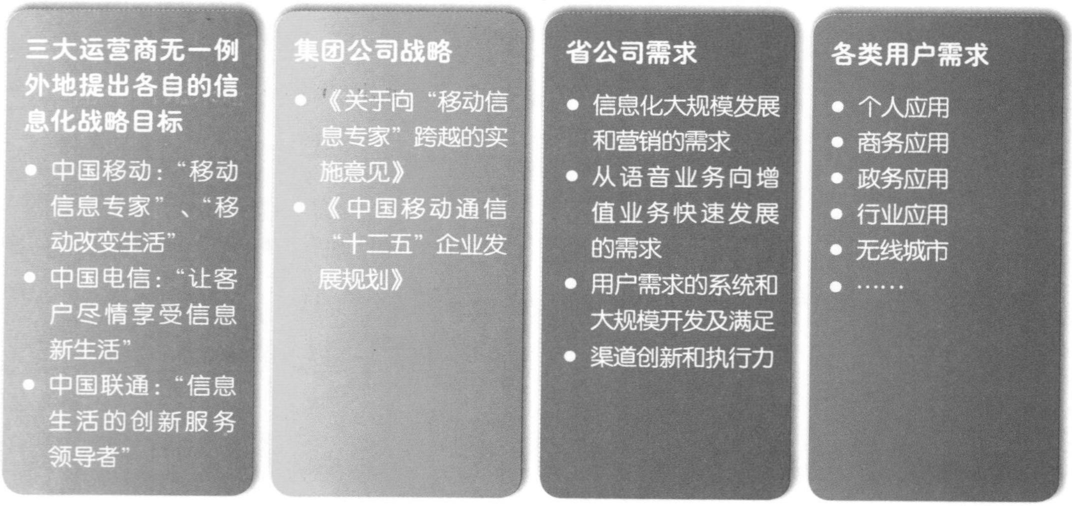

三大运营商无一例外地提出各自的信息化战略目标

- 中国移动：“移动信息专家”、“移动改变生活”
- 中国电信：“让客户尽情享受信息新生活”
- 中国联通：“信息生活的创新服务领导者”

集团公司战略

- 《关于向“移动信息专家”跨越的实施意见》
- 《中国移动通信“十二五”企业发展规划》

省公司需求

- 信息化大规模发展和营销的需求
- 从语音业务向增值业务快速发展的需求
- 用户需求的系统和大规模开发及满足
- 渠道创新和执行力

各类用户需求

- 个人应用
- 商务应用
- 政务应用
- 行业应用
- 无线城市
- ……

图1–5　中国移动顺应发展需求，全力促进实现信息化目标

中国移动信息化推进在“十一五”的主要成果

2006—2010年是中国移动全面实施“新跨越”战略、追求从优秀到卓越、实现跨越式发展的辉煌五年。

“十一五”期间，中国移动秉承“正德厚生、臻于至善”的核心价值观，围绕“做世界一流企业，成为移动信息专家”的战略定位和“成为卓越品质创造者”的长期战略目标，实施打造“一个中国移动（One CM）”的卓越工程，全面贯彻推进“新跨越”战略。[①]

2006—2010年，中国移动通过正确、有力地执行“保持规模优势，助力国家信息化进程，实现企业价值的持续增长；建成卓越运营体系，提供高品质的服务和业务；开创移动多媒体事业，实施‘走出去’战略，创新增长模式，提升企业核心竞争力；塑造优秀企业文化，造就卓越组织，培育卓越人才，积极承担社会责任”的发展思路与战略重点，卓有成效地实现了企业从优秀到卓越的新跨越。

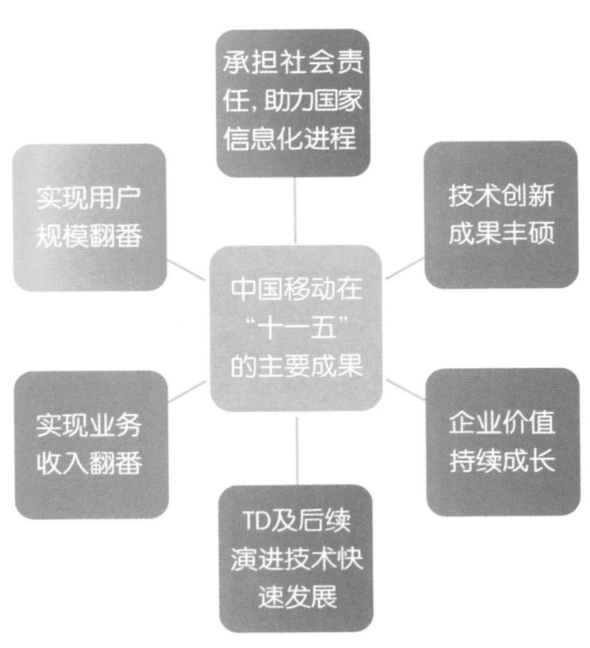

图1–6　中国移动在“十一五”的主要成果

2006—2010年，中国移动的主营业务收入以高于国内生产总值（GDP）增幅的速度持续增长，从而圆满完成公司在“十一五”发展规划中设定的战略目标。

不仅如此，过去五年中，中国移动实现用户规模翻一番，用户总数突破5亿，成为全球用户规模最大的电信公司；实现收入规模翻一

① 摘自：2010年《中国移动通信“十二五”企业发展规划》。

番，主营业务收入超过4500亿元，持续保持良好的盈利水平，进入全球百强企业行列；实现网络基站数量翻一番，成为全球网络规模最大的电信公司；实现市场价值翻一番，成为全球通信行业市值最大的公司；品牌价值526亿美元，持续位列“全球品牌价值排行榜”电信企业的第一位；连续入选道琼斯可持续发展指数（DJSI），成为中国大陆唯一一家入选企业；发起成立NGMN国际组织，主导TD-LTE技术标准的演进，国际话语权与全球影响力显著增强。

总之，2006—2010年，中国移动的硬实力与软实力都得到显著提升，确立了国际领先地位。

中国移动“十二五”规划发展目标与思路

“十二五”是中国经济和社会转型的关键时期，是国内电信行业深化发展的重要时期，也是中国移动十年辉煌之后进一步提升自我、寻求可持续发展的关键时期[①]。

面对复杂多变的发展环境，中国移动将坚定不移地追求从优秀到卓越的提升，不断实现新的跨越。2011—2015年，公司的发展目标是：以高于全球领先电信运营商的平均增长速度实现公司的可持续发展，保持中国移动在同行业的国际领先地位。

为实现这一目标，公司的发展思路是：适应环境变化需要，结合企业发展特点，围绕保持国际领先地位的目标，以建设创新型企业为核心，以推动TD-LTE发展为主线，创新新模式、探索新领域，巩固市场领先地位，建立低成本高效运营优势，将公司打造成为具有国际竞争力的大型企业集团，实现中国移动新阶段的新跨越。

未来五年，中国移动将紧密围绕“十二五”规划的发展目标与发展思路，将以下六大重点举措落实为中国移动上下协同一致的行动。

---

① 摘自：2010年《中国移动“十二五”发展规划汇报》。

- 实施“推动TD-LTE/TD-SCDMA创新发展，打造后3G领先优势。
- 创新新模式、探索新领域，打造长期增长引擎。
- 强化统筹协作，巩固市场领先地位。
- 深化运营管理，打造低成本高效优势。
- 建立卓越组织，提高管理精细水平。
- 承担社会责任，构筑和谐生态环境。

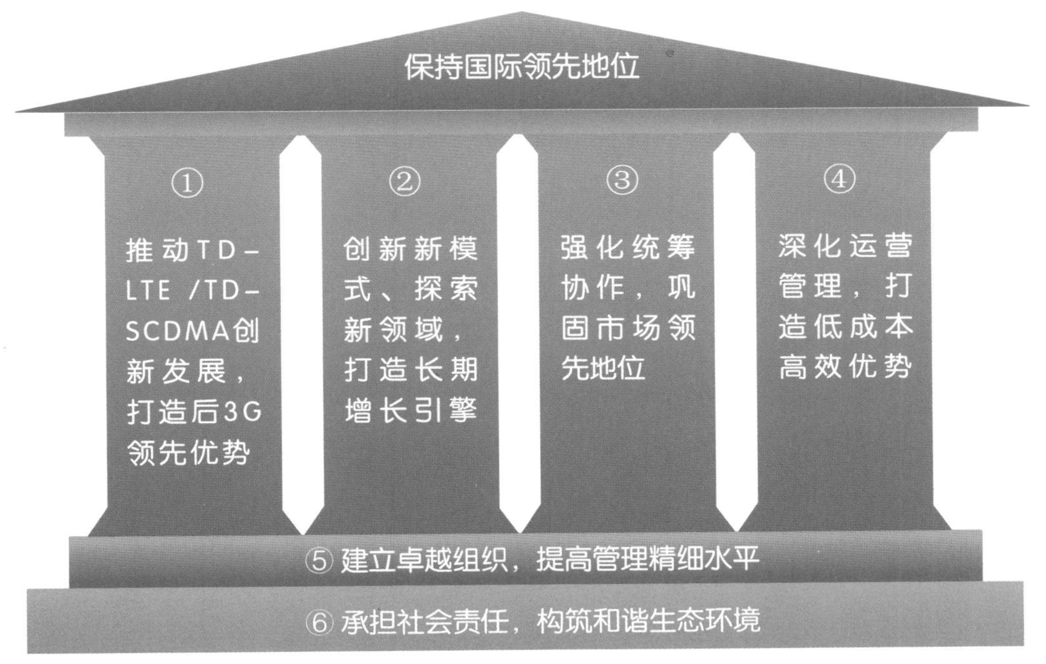

图1-7 中国移动“十二五”（2011—2015年）规划战略落实举措

中国移动2012年工作会议提出信息化发展要求

2012年1月4日，中国移动2012年工作会议在北京召开，会议明确了中国移动2012年工作的总体要求：振奋精神，凝心聚力，深化实施“十二五”时期可持续发展战略，积极推动移动互联网发展，充分发挥四网协同效应，加快形成全业务后发优势，注重质量、服务、创新，全面增强核心能力；注重营销效率提升、数据流量经营、信息服务拓展，大力促进价值增长；注重机制变革、流程优化、组织保障，不断激发内在活力；注重廉洁从业，促进企业持续健康发展。会议要求中国移动各级公司围绕总体要求，深化创新拓展，实现价值增长，努力打造持续发展、效益显著、自主创新、廉洁健康的中国移动。

工业和信息化部副部长尚冰对中国移动2012年的工作提出六点希望。

一是更加扎实有效地推动社会信息化进程。深化信息通信技术在社会各领域的集成应用，着力提高各行业的信息化水平，促进“两化”深度融合，满足经济社会信息化发展要求。

二是更加扎实有效地提升自主创新能力。一方面，扩大TD-SCDMA网络覆盖广度和深度，提高网络利用率，促进TD-SCDMA应用开发，以应用带动业务发展；另一方面，保质保量完成TD-LTE第二阶段试验，适时启动扩大规模试验，充分发挥中国移动的影响力，推进TD-LTE国际化进程。工信部及相关部门将进一步加大对TD-LTE的支持力度。

三是更加扎实有效地转变发展方式。要抓住移动互联网发展机遇，在移动数据业务领域积极探索，实现价值提升，特别要在价值链关键环节上取得突破；积极拓展移动互联网业务，以先进技术传播先进文化，促进社会主义文化大发展大繁荣。

四是更加扎实有效地规范经营行为，营造良好的经营环境。要从行业大局出发，加强自律，理性竞争，强化合作，深入推进共建共享，实现行业和谐发展。

五是更加扎实有效地履行社会责任，提高服务水平。要继续发挥好优良作风，确保村通工程和信息下乡任务完成，认真落实网络与信息安全工作，做好应对各项突发事件的准备。

六是更加扎实有效地做好企业内部管理，做好党风廉政建设。要加强内部管理，加强干部队伍建设、思想作风建设和党风廉政建设，提升员工的战斗力和凝聚力。

会议要求，中国移动2012年生产经营管理工作要继续围绕实现“一个愿景”、扩大“两个份额”、推动“五个转变”，即实现“移动改变生活”的战略愿景；扩大公司对个人客户的生活服务份额、对社会各行各业的信息服务份额；从网络能力、经营定位、业务布局、产品设计和运营管理五个方面，推动发展方式转变。

一个愿景

- “移动改变生活”的战略愿景

两个份额

- 扩大对个人客户的生活服务份额，抓住移动通信网络宽带化和个人终端智能化的契机，大力发展移动互联网
- 扩大对社会各行各业的信息服务份额，面向各行各业，使移动通信服务和信息化产品融入到各行各业中，不断扩大在各行各业中的信息服务份额

五个转变

- 从网络能力、经营定位、业务布局、产品设计和运营管理五个方面，推动发展方式转变

一个平台

- 深化落实“一个中国移动”的管理思想

图1-8　中国移动2012年生产经营管理工作思路

中移动未来三年将规模推进TD网络建设

在2012年3月30日召开的工信部宽带普及提速工程动员部署大会上，中国移动董事长奚国华表示，宽带提速工程是宽带中国战略的重要组成部分，中国移动将继续深化四网协同战略，“继续规模推进TD-SCDMA网络建设，重点做好大中城市数据热点区域的连续覆盖、深度覆盖和持续优化，不断提升网络质量和网络利用率，提高客户感知”。

中国移动未来三年将继续大力发展TD-SCDMA，奚国华的这一表态与工信部部长苗圩此前的言论不谋而合。苗圩曾表示，将用三年的时间，将TD-SCDMA基站由目前的22万个增加到40万个左右。

目前，中国移动的WLAN覆盖广度和深度不断加强。据透露，中国移动的WLAN接入点已经达到238万个，而这一数字还将不断更新。

“中国移动积极推进TD-LTE的规模试验，试验结果令人振奋”，奚国华表示。未来将做好推进TD-LTE第二阶段规模试验的实施，提升产业界信心，引导拉动产业资源的投入。

在无线城市方面，中国移动发展十大类无线城市应用，已建成一百多个达标无线城市，实现拓展1000万以上有效用户的阶段性目标。

“尤其是中国移动的有线宽带建设尚处于起步阶段，基础相对薄弱”，奚国华表示，在有线宽带建设方面，中国移动授权铁通公司开展固定宽带运营，充分发挥协同效应和互补优势，目前，中国移动互联网宽带端口达到1130万，用户超过900万，已完成4100多个行政村村通工程建设。

中国移动将加快网络基础设施的建设，提升面向全业务运营的网络支撑能力，加快光纤宽带网络接入、网络部署，重点提升集团客户有线接入能力，加大城区FTTH建设力度，打造高带宽、高价值、高流量的差异化宽带服务。同时，将继续加大IDC建设和互联网内容的引入，重点提升企业IT技术水平，降低IT建设成本，为互联网业务应用奠定基础。

中国移动开放平台定位

随着网络、终端、技术的持续创新，我们迎来了移动互联网飞速发展的黄金时期，新应用、新服务、新领域不断涌现，面对如此庞大的市场金矿，越来越多的开发者抱着巨大的热情投身移动互联网领域。[①]

“移动改变生活”是中国移动的企业愿景，希望促进移动互联网的发展，为广大用户带来全新的体验和服务模式，让生活变得更加美好。然而，没有一家公司能将移动互联网产业链从头做到尾，“开放”、“合作”、“创新”已成为必然趋势。开发者是创新的源泉，是推动移动互联网发展的源动力，中国移动希望汇聚移动互联网产业链，共同服务开发者，从而实现“移动改变生活”的愿景。

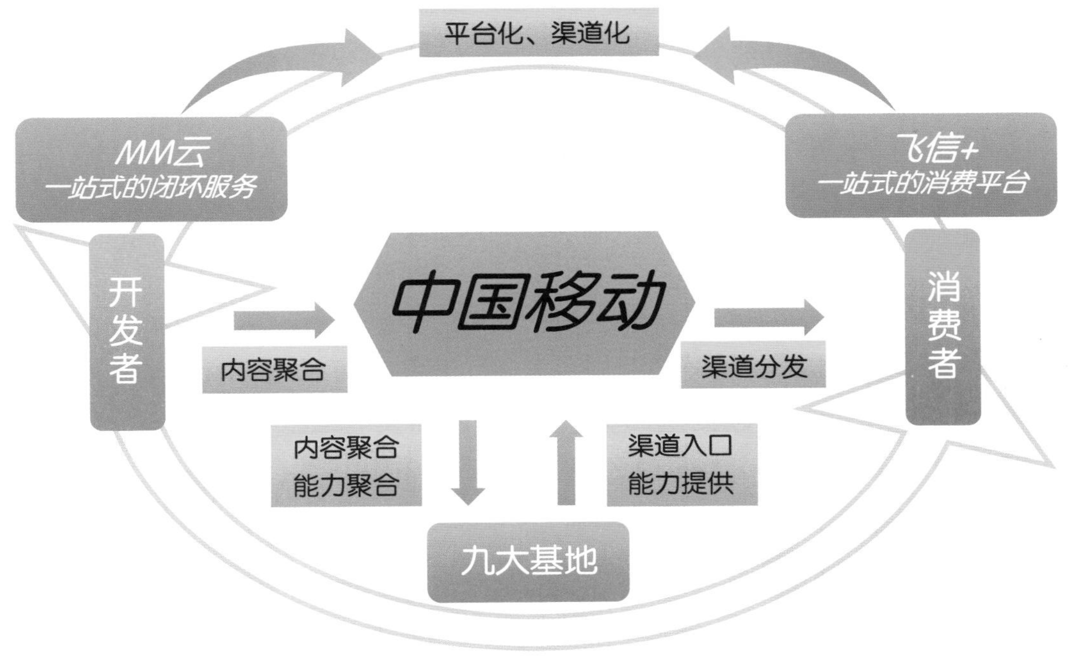

图1-9 中国移动开放平台

① 摘自：中国移动2011年12月发布的《中国移动开发者合作白皮书》。

作为国际领先的运营商，中国移动拥有超过6.2亿的客户资源、优质的计费能力、电信级的服务平台以及良好的品牌形象，愿意为广大开发者打造一个全面而低门槛的开放平台、汇聚第三方资源，携手推进中国移动互联网的发展，建设更高效行业引擎，最终实现用户、合作伙伴、中国移动的多方共赢。

中国移动开放平台定位

移动互联网领域的基于开发者和消费者的双边市场，中国移动将以用户为中心，聚集移动互联网产业链，构建对外开放平台；立足于平台化和渠道化，以“MM云”和“飞信+”为双入口，加强与终端耦合，聚合九大基地的内容和能力，提升用户端到端体验，推动移动互联网业务的规模发展。

中国移动将加快聚合服务的形成

移动互联网是移动通信和互联网的融合，二者有机结合出现了新的产业形态，体现了三个层面的创新。

一是平台层的创新。与普通的移动通信网相比，移动互联网继承了互联网讲究分享、创新的特点。Google推出的“Android计划”，Yahoo！全面开放其移动应用平台“Yahoo!Go”，都体现了这一点。

二是应用层的创新。将实现优秀移动应用的互联网化和优秀互联应用的移动化，如移动电子商务、移动支付、手机搜索、手机阅读、手机娱乐等。

三是商业模式的创新。移动互联网时代将以廉价的基础服务来聚拢客户，通过增值服务收费和后向收费来

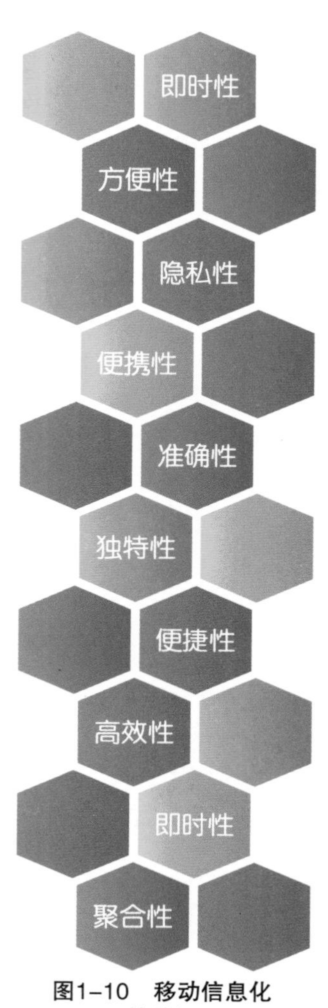

图1-10 移动信息化的特征

实现企业盈利。

随着移动互联网的快速兴起，信息产业的焦点将出现于聚合服务市场。[①]

互联网公司谷歌、百度等以网络搜索引擎为聚合手段，逐步拓展即时通讯、网络社区等业务；苹果公司通过提供手机应用程序，诺基亚通过开发OVI服务，成功实现了从终端硬件提供者到聚合内容提供者的转型；淘宝网则聚合90余万个商家，在线商品数量达到2亿多，成为网络购物的聚合者。

移动互联网时代的这种聚合变化将产生许多新的价值，中国移动必须能够去发现和实现这些价值，而不仅仅局限为一个通道提供商的角色。

对于中国移动来说，发展移动互联网及其聚合服务有着多方面的优势。

首先，中国移动拥有全球最大的用户群，为发展移动互联网、拓展聚合服务构建了广阔的用户基础；其次，通过12580、无线音乐俱乐部、Mobile Market、手机报、手机支付等应用，公司已经在“聚合服务市场”上进行了尝试和探索，积累了较为丰富的经验；

此外，TD+WLAN的组网模式，可以提供无线高速接入和动态的上下行速率，在发展移动互联网上拥有技术优势。

中国移动是实现信息化聚合服务的主导者

从传统行业及世界各地运营商的发展现状及趋势来看，运营商做到以下几点才能真正实现移动信息化的目标。

- 理解移动信息化的本质、内涵和外延。
- 运营商必须牢牢掌握移动互联网的入口控制权。
- 了解传统行业的运作模式，并从本质上进行信息化转化。
- 规范纷繁复杂的信息化产品。
- 清晰了解各类型用户的信息化需求。

---

① 摘自：中国移动副总裁李正茂在中国移动2010年1月28日集团客户工作会议上的讲话。

- 拥有标准共赢的商业模式。
- 实现无门槛式的易用。
- 透明、清晰、合理的计费模式。
- 清晰发展共识和拥有稳固的应用合作伙伴。
- 应用终端平台的统一和标准化。
- 消除信息化鸿沟，实现多方信息对等。
- 规范化、标准化和低成本的营销手段。
- 高效率的用户教育及传播手段。
- 用一个平台实现移动信息化系统的广泛营销和应用。

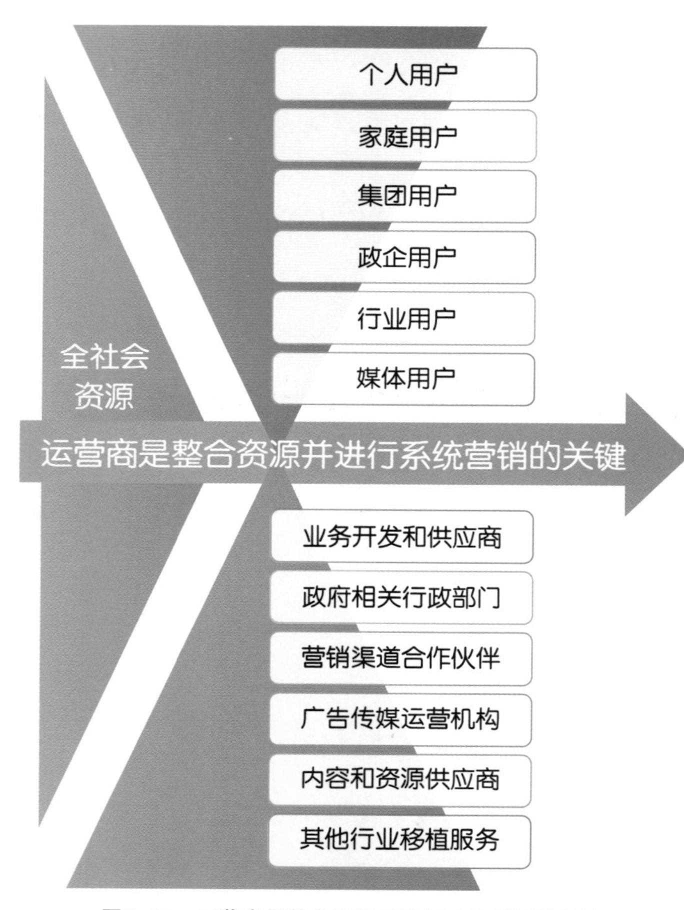

图1–11 运营商是整合资源并进行系统营销的关键

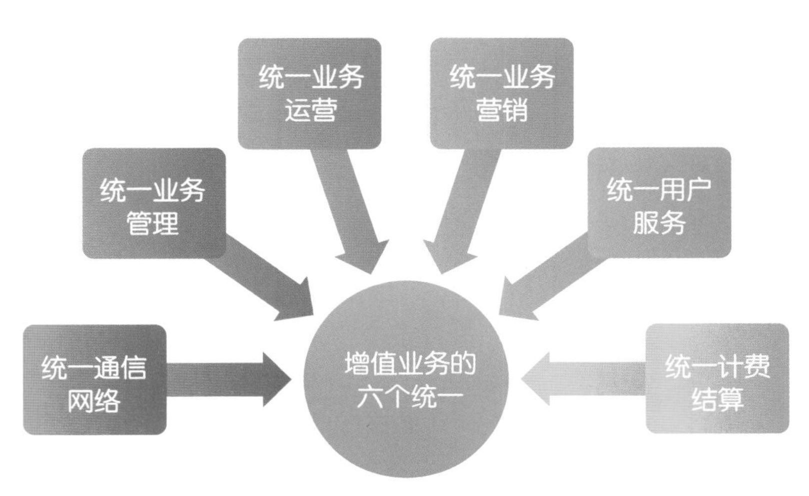

图1-12　增值业务的六个统一

中国移动研究院肩负着创新与标准化的重要使命

建成世界一流研发机构、推动自主创新、发挥在国际标准和产业中的影响力，是中国移动科技研发的重要发展战略。

作为中国移动的核心研发及技术支撑中心，中国移动研究院以做“中国移动技术创新的引擎”为愿景，聚集了优秀的国际化人才，着力于在基础研究、产品研发、技术服务等三大领域积极开展研发和创新工作。

近几年来，中国移动研究院大力推进行业发展，创新性地开展了LTE（包括TD-LTE和LTE Advance等3G演进技术）、WiiSE（下一代移动互联网体系架构）、云计算、手机电视、移动电子商务、mSpaces（个性化内容服务）、OMS（智能终端开放系统）等重大研究项目，成为引领行业的重要力量。

中国移动研究院积极进行IT信息化建设，组建了多媒体、大规模运算、无线接入、网络架构以及用户行为研究等基础研究实验室，圆满完成了CNGI等近20余个国家级专项的研究，有力提高了中国移动在业界的影响力。

不仅如此，中国移动研究院还广泛参与国际标准化工作，是中国移动技术标准化工作的主要承担者，每年向国际标准化组织输出300多篇文稿，已有多名员工在八个重要的标准化组织中担任领导职务，使中国移动一跃成为国际重要标准化组织的主导力量，为中国知识产权融入国际标准、提升我国产业的国际竞争力奠定了坚实的基础。目前，中国移动研究院是国家级移动电子商务研发中心，国际标准组织OMA的金牌永久测试基地。

中国移动研究院的创新和实践对于中国移动实现“移动信息专家”和促进实现“移动改变生活”战略愿景方面的意义重大。[①]

移动labs网站（labs.chinamobile.com）作为国内运营商主办的第一家行业web2.0门户，是由中国移动研究院主办的通信行业汇聚门户，旨在让您快速精准地找到通信行业中感兴趣的信息。

中国移动的智能管道运营和智慧信息运营

移动信息服务市场天地广阔，率先突破将获得新的发展空间。

到2015年，移动信息服务市场规模将超过5000亿美元，与2010年相比将实现翻番，年均复合增长率接近15%，很多国际运营商都把空间广阔的信息服务市场视为发展的机遇。

尽管运营商都看到这一发展机遇，但都还没有在信息服务领域做出突出成绩。因此，把握信息服务市场的发展机遇，率先实现突破，将为中国移动持续发展提供新的增长空间，推动中国移动铸就国际领先优势。

运营商要突破被管道化的不利局面

通信运营商面临被管道化的不利局面，率先突破者将赢得行业领先地位。从

① 摘自：中国移动labs网站 http://labs.chinamobile.com。

全球电信业的实践来看，传统运营商应对管道化挑战，一般都要经历三个阶段：哑管道运营、智能管道运营和智慧信息运营。

中国移动智慧运营有以下主要举措。

- 提升移动互联网核心能力。
- 以用户体验为中心，加强用户业务体验提升技术的研发。
- 加大移动搜索、应用永远在线和推送机制研究。
- 加强各基地业务能力互通和调用技术的研发，推进“聚合服务”运营。
- 推进物联网广泛深入应用。
- 推进传感网与移动通信网融合，加强相关标准研究与制定，推进产业成熟。
- 加强云计算、信息挖掘等海量信息处理技术的应用研发，打造智慧信息云。
- 推进无线城市综合应用，发展智能家庭应用。
- 拓展政务、交通、物流等各类行业信息服务。

中国移动要依靠技术创新，实现向“智能管道运营”和“智慧信息运营”的跨越。

面对互联网挑战，中国移动要加强热点缓存、流量管控、云计算等关键技术的研发和应用，助力公司构建业界领先的智能管道运营能力，提升网络价值。

面对传统通信市场日益饱和带来的收入增长乏力问题，要把握信息化发展机遇，加强研究机构与九大基地的合作，集聚研发力量，加快业务融合与协同，大力推进各类移动互联网和物联网应用创新，为企业发展创造更多的新增长点。

动力100——面向集团用户的移动信息化应用品牌

“动力100”是中国移动面向集团客户推出的统一的业务标识。“动力”源于实力、科技与创新，信息动力将推动政府效能，助力大客户创新和中小企业成长，协同伙伴共赢；“100”则代表着百分百动力、百倍效能，代表为客户创造效能、实践价值的承诺。“动力100”将致力于为集团客户提供综合信息化应用服务，并从“效率”、“创新”、“竞争”、“共赢”四个层面助力各行各业推进信息化进程。

信息化将为数据及信息业务发展开拓巨大的市场空间。同时，数据及增值业务的外延不断扩大，已经向新闻、传媒、娱乐、广告、金融、保险乃至更多的行业领域渗透。随着IT技术的发展和互联网业务的发展，产业边界更加模糊，产业去中心化态势日益明显，运营商将面临更多的、外延更广的异质竞争，同时也面临更多的合作机遇。此外，电信重组后，竞争格局将发生变化，数据及信息业务对于运营商的意义越来越重要，将成为各运营商的发展重点和争夺焦点。

“动力100”的推出，标志着中国移动将充分整合已有的众多集团客户业务，为政府及企业的综合信息化应用提供更广泛和更深层次的服务，并助力行业客户加快信息化进程。中国移动也将以此为契机，努力拓展集团客户的服务领域，持续提升集团客户服务的质量和水平，以更加丰富全面的产品、更加广泛的应用和更加人性化的服务，为集团客户提供值得信赖的信息应用与服务。

标志的发布由政府、客户、合作伙伴三方代表和中国移动共同启动完成，体现了“动力100”协同各方共赢，用信息创建百分百动力、百倍效能的理念。

作为发布会重要环节之一，中国移动向卓望数码、神州数码等14家企业授予了中国移动集团信息化产品全国甲级代理资质。这预示着中国移动将携手合作伙伴、聚合信息的力量，向客户提供综合性的业务应用及行业解决方案，满足企业及政府的全方位信息化需求。[①]

图1–13 “动力100”是面向集团用户的移动信息化应用品牌

① 摘自：《中移动发布集团客户业务统一标识》新闻稿。

“动力100”从四个层面推动各行业信息化

“动力100”将持续致力于为政府企业及行业客户提供综合信息化应用服务，并从四个层面助力各行各业的信息化推进。

高效

中国移动将充分发挥强大的资源整合能力、专业的信息化服务，让公众感知政府的高效便民，协助政府快速推进社会信息化进程。

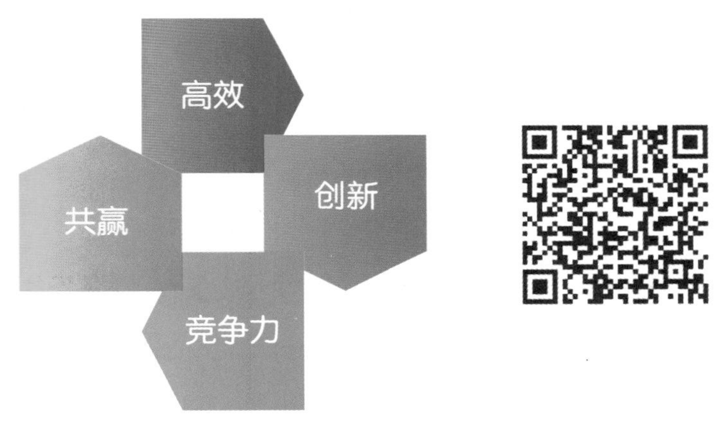

图1-14 “动力100”从四个层面推动各行业信息化

信息化发展的目标，是实现商业的综合信息平台。这样，运营商和企业才能够实现更广泛的应用及获得持续发展的动力。

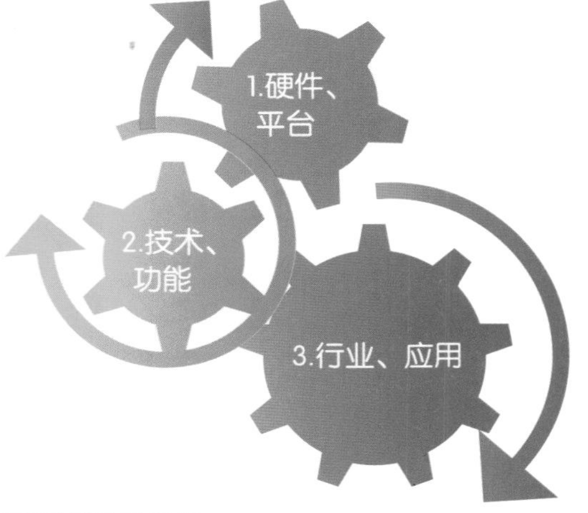

图1-15 从技术到市场的信息化应用

创新

中国移动将凭借整体解决方案的提供能力、个性化的定制服务、专业高效的支撑团队，助力企业应对信息时代的发展，保持企业活力。

竞争力

中国移动将凭借灵活的产品组合能力，标准化且便捷、低成本的服务，帮助企业提升信息化实力，为企业快速成长注入新的动力。

共赢

中国移动将搭建开放、成熟的信息化合作平台，以合作共赢的商务理念，携手合作伙伴共拓“信息化蓝海”市场[①]。

促进中国移动运营一体化的九大基地战略实现

中国移动陆续建立了九大业务创新基地，在音乐、手机阅读、移动商场、视频、手机游戏、手机动漫、位置、电子商务、物联网等方面积聚研发力量，大力推进了移动互联网和物联网业务产品研发，形成了由点到面的全方位覆盖。

基地形式的运营一体化实现了集团信息的集中监控，使企业集团成员之间资源共享、合作共赢、共同发展。一体化代表了一种将优势资源集中配置的管理思路。

目前，中国移动基地模式的探索正是运营一体化在未来战略性业务上的实践。

中国移动基地业务瞄准的，都是电信运营业现在和未来最具发展潜力的前景业务。

① 摘自：中国移动网站 http://www.10086.cn/power/。

图1–16　中国移动九大基地

中国移动通过内部的横向一体化，使得开发新兴业务的资源集中，实现了规模经济，降低了开发成本，有利于新业务的快速推广。

以企业和品牌为中心的应用平台、产品和服务存在巨大的市场空间，中国移动牢牢抓住这个领域，并建立持续研发和拓展的基地，将是未来形成全局经济收益增长点的根本保障。

九大基地战略目标和发展业务

四川成都无线音乐产品基地

基地定位：面向全国31个省市的6.67亿移动客户提供无线音乐产品。

业务内容：彩铃、振铃、全曲下载、全曲在线听、MV、专辑汇、无线音乐俱乐部。

辽宁沈阳位置产品基地

基地定位：全面发展手机地图优化、实时交通系统建设等有移动通信功能的导航业务。

业务内容：包括自有业务和合作业务两类。自有业务包括面向大众客户的手机导航、手机地图、车e行（基于便携式导航仪的导航信息服务）、车载前装（车辆预装导航及增值信息服务系统）业务和面向集团客户的车务通业务；位置合作业务是中国移动联合合作伙伴向大众与集团客户、提供基于定位能力和通信网络等资源的位置类增值服务。手机地图、车务通处于商用优化阶段，手机导航处于试商用阶段，车载前装处于开发阶段。

江苏游戏产品基地

基地定位：负责中国移动游戏业务发展以及市场推广、内容引入与合作伙伴管理、平台和门户规划、建设及运营等工作。

业务内容：包括单机游戏、手机网游、图文游戏，按照合作方式分为整合后的“g+游戏”自有业务、其他采用移动梦网合作方式的游戏业务两类。

广东广州Mobile Market产品基地（南方基地）

基地定位：基于南方基地的产业带动计划，中国移动确立了电子商务、终端创新、移动互联、手机邮箱、应用下载、物联网等6个发展方向。其中以移动应用商场（MM）为当前主要运营产品。

业务内容：移动应用商场（MM）是聚合各类开发者及其优秀应用和数字内容，满足多类型终端客户实时体验、下载、订购需求的综合商场，通过手机客户端和WWW网站为客户提供软件、游戏、主题、视频、音乐、图书等一站式服务。值得一提的是，MM是全球首个以运营商发起推出的线上软件商店，是继移动梦网后又一次全面整合产业链和商业模式的创新。

上海浦东手机视频创新产品基地

基地定位：为全集团用户提供手机视频相关产品服务的机构，专注于移动视频产品的开发建设和运营支撑。打造最具特色的正版手机视频内容发布平台，通过多样化、丰富的特色内容，向用户提供随时、随身、随心的个性化收看体验。

业务内容：客户可以通过手机随时随地进行影视、MV、娱乐、体育等丰富的视频内容点播和下载，观看电视直播和直播内容回放，以及向好友推荐节目和发表观感。目前，手机视频是指基于移动网络的流媒体增值业务，和基于CMMB的手机电视独立开发和运营。

湖南长沙电子商务创新产品基地

基地定位：打造移动电子商务创新基地，手机小额支付、移动公交一卡通、移动公用事业缴费、农村移动电子商务四大工程在不断推进中。

业务内容：远程支付（手机支付）和现场支付（手机钱包）。手机支付是指客户开通手机支付业务，系统将为客户开设一个手机支付账户，客户可通过该账户进行网络购物、缴费等支付。手机钱包是指客户开通手机钱包业务，在中国移动营业厅更换支持RFID功能的专用SIM卡，即可在设有中国移动专用POS机的商家进行手机刷卡消费。同时，通过在SIM卡中加载新应用，手机钱包还能与电子票证、身份认证、企业一卡通等深度整合。

浙江杭州手机阅读创新产品基地

基地定位：建成中国最大的无线图书发行平台，通过各方的努力和营销打造传统阅读的新型发行渠道，不仅包括以手机为载体的WAP、客户端等阅读，还包括结合TD技术的专用手持阅读器，而且可以拓展到行业应用，实现“终端+通道+内容”的整合拓展。依托手机这种第五种媒体，使人们随时、随地、随身阅读成为可能。

业务内容：手机阅读是以打造新的出版发行渠道为定位，以具备内容出版或发行资质的机构或大型互联网文学网站为合作对象，以嵌入TD通信模块的G3阅读器为核心业务形态，整合各类阅读内容满足客户各种阅读需求的一项业务。

福建福州手机动漫创新产品基地

基地定位：基地将整合手机动漫上下游资源，推动终端定制与手机动漫产品专业化研发，并负责全国性推广。

业务内容：手机动漫是中国移动根据客户对各类动漫内容的观看需求，提供以移动终端为载体，以彩信、WAP、FLASH、客户端为主要业务方式，以在线和下载为主要观看方式的动漫产品及相关服务的业务总称。

重庆物联网基地

基地定位：中国移动在无锡成立的物联网研究院的主要重点侧重于技术研究和标准规范制定等，而中国移动的物联网基地则侧重于实现规模化的推广和应用的规模化等。

业务内容：全网平台建设、集中运营、产品研发和推广，也包括物联网资源管理、全网运营支撑、业务测试等。

OPhone和Mobile Market极大地丰富了信息化应用

OPhone平台基于Linux和开放手机联盟（OHA）的Android系统，经过中国移动的创新研发，设计出拥有新颖独特的用户操作界面，增强了浏览器能力和WAP兼容性，优化了多媒体领域的OpenCORE、浏览器领域的WebKit等业内众多知名引擎，增加了包括游戏、Widget、Java ME等在内的先进平台中间件。

OPhone构建了开放、易用、界面友好的面向移动互联网的智能终端软件平台，为开发者提供了一个开源、开放的平台，把内容供应商、开发者和消费者紧密地联系在一起。

图1-17　面向消费者的一站式信息化应用销售平台

该系统直接内置了中国移动的服务菜单、音乐随身听、手机导航、号簿管家、139邮箱、飞信、快讯和移动梦网等特色业务，主要包括以下功能。

- 视听功能：音乐随身听、手机视频。
- 资讯功能：快讯、移动梦网。
- 手机/PC无缝覆盖服务：飞信、139邮箱。
- 下载功能：移动MM。
- 理财功能：手机证券。
- 导航功能：手机导航。
- 备份功能：号簿管家。
- 客服功能：我的梦网、客户服务等[①]。

① 可登陆中国移动网站 http://mm.10086.cn/了解更多应用。

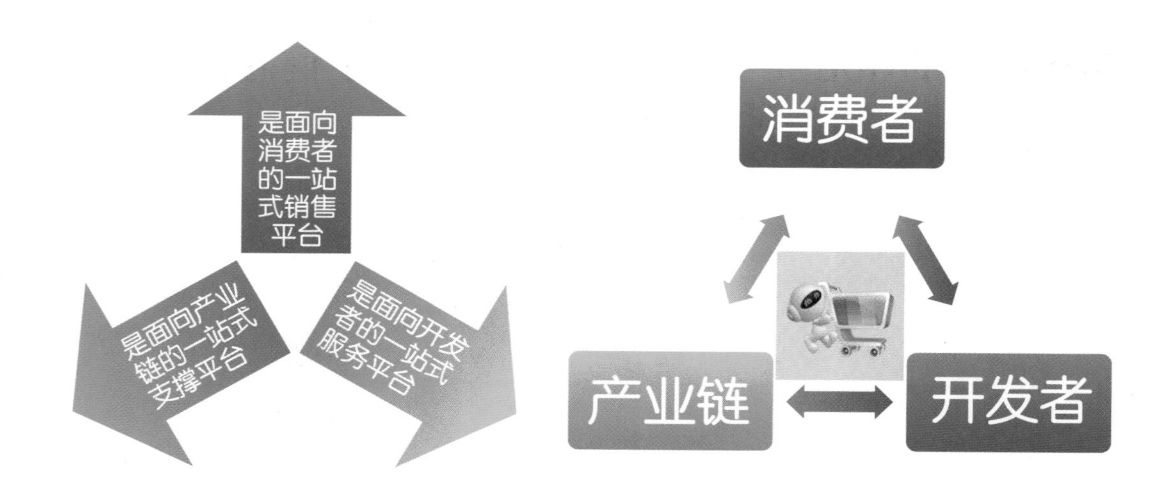

图1–18 Mobile Market 是什么

Mobile Market（简称MM）于2009年8月17日正式在北京发布。MM是全球首个由运营商推出的泛终端、跨平台的手机应用软件商店，聚合各类手机应用开发者及其优秀应用，满足所有类型的手机用户实时体验、下载和订购需求的综合商场。MM提供了面向开发者的创业平台，是一次全面整合产业链和商业模式的创新。[①]

MM包括多种类型的应用下载。

- 软件：工具、摄影、商务、健康、动漫、娱乐、生活、书籍、新闻、视频、社交、教育、财务等。
- 游戏：休闲、棋牌、动作、体育、射击、冒险、策略、赛车、飞行、格斗、角色、益智等。
- 其他多种主题、图片的音乐内容。

① 引用自中国移动通信集团公司李跃总裁于2011年12月在广州的《开放 合作 携手共创美好生活》主题演讲材料。

图1-19 面向消费者的一站式销售平台

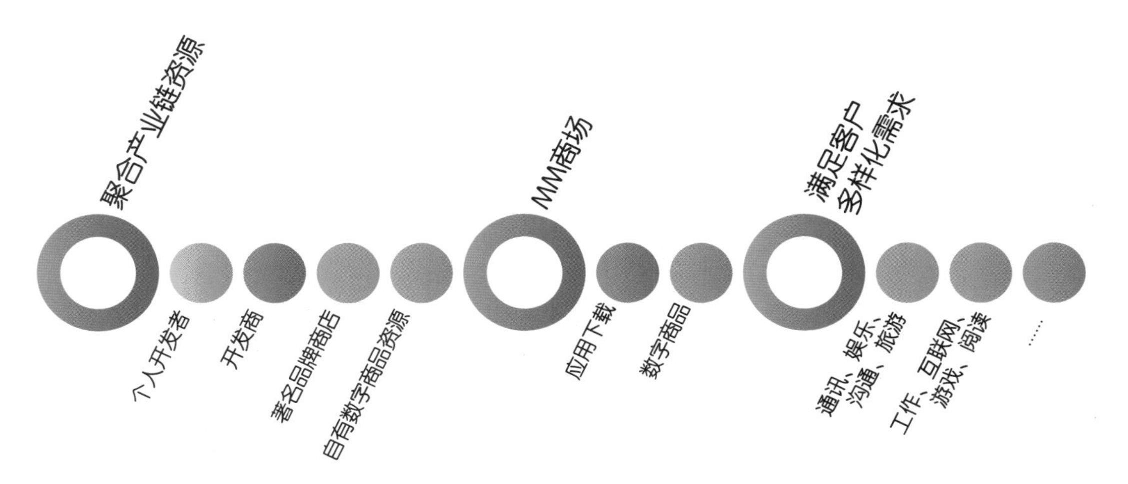

图1-20 全程一体化支撑从技术到市场和用户

移动信息化是支撑无线城市发展的核心和基础

无线城市是指利用多种无线接入技术，为整个城市提供随时、随地、随需的无线网络接入，并建设与政府工作、企业运行、群众生活密切相关的、丰富的无线信息化应用，为市民、企业、外来访客和旅游者、政府机构提供安全、方便、快捷、高效的无线应用服务。

政府主导、政企共建、市场运作、全民参与是无线城市建设推广的基本特征。

无线城市与移动信息化将改变人们的生活。

- 汇聚各行各业丰富的应用。
- 让用户快速获取应用和服务。
- 为无线城市的发展提供有效的支撑。

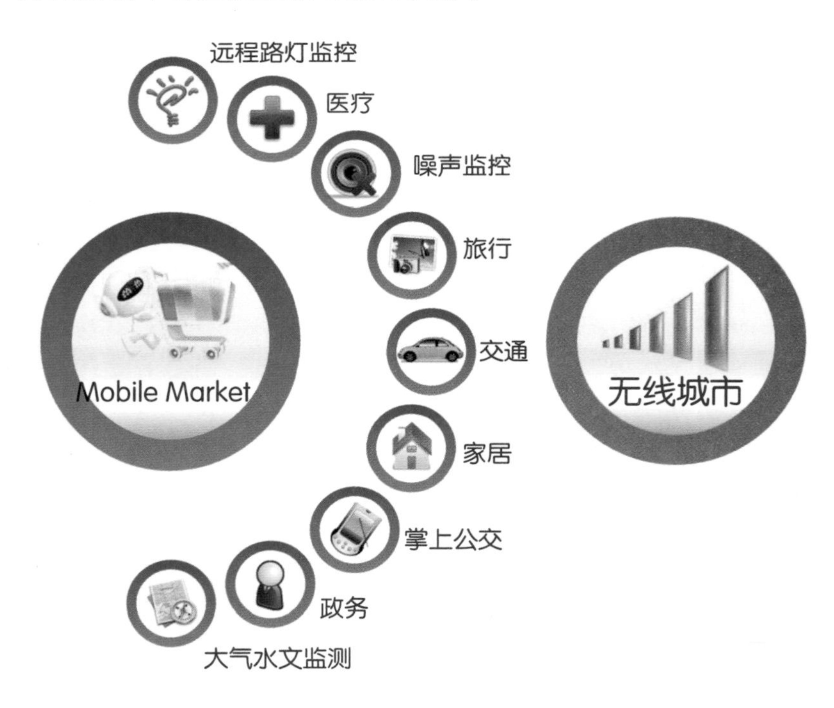

图1-21　无线城市与移动改变生活

延伸阅读

《广东移动无线城市精耕工程》

随着移动信息技术以前所未有的速度、广度和深度，渗透、影响并深刻改变着社会生活，围绕“十二五规划”提出的“推动信息化和工业化深度融合，加快经济社会各领域信息化”的要求，全国各省市公司正全力推进无线城市建设，在多领域、多行业实现了“无线城市”面向不同目标的电子政务、电子政府和移动互联网等各类应用，取得了初步成效。

随着终端、应用、网络及客户群体的日益成熟，全国各省市公司成为支撑政府构建无线城市的主力军，围绕“数字民生、无线政务、网络文化、信息兴业”四大方向，以无线政务和便民服务为核心打造七大项应用，各地精品业务不断涌现。

图1-22　无线城市的主要信息化实现手段

无线城市高度契合政府战略规划，有效促进政府实现双化融合。同时，政府信息化战略也为无线城市发展提供了良好的契机。

无线城市的蓬勃发展，顺应了国家发展的政策趋势、社会趋势、行业趋势、竞争趋势，也是中国移动实现一个战略愿景和发展两个市场份额的实际举措。

政府与民生信息

- 水电气、社保、公积金等查询，预约挂号、政务公开、网上办事等

行业信息化

- 如校讯通、智能交通、银信通、物流通、电力抄表等

个人数据业务

- 如MM、号簿管家、手机投注、手机证券、车主服务等

集团标准化产品

- 如企业建站、移动办公、企业邮箱等

商家优惠

- 如餐饮优惠、娱乐优惠、酒店优惠、运动优惠等

传统互联网内容

- 如实时新闻、电子阅读、游戏、动漫、音乐等

图1-23　无线城市就是移动信息化的综合运用

三网融合将进一步推进移动信息化的普及和发展

“三网融合”是指经过技术改造，实现电信网、计算机网和有线电视网三大网络的有机融合，表现在技术上趋向一致，网络层上可以实现互联互通，业务层上相互渗透和交叉，应用层上趋向使用统一的IP协议，在经营上互相竞争和合作。三网融合是信息产业的发展方向，是经济振兴的重要战略举措，也是促进互联互通、遏制重复建设、实现资源共享的客观要求。

运营商必须要成为媒体融合的中心，这是一个历史的命题，在融合方面的突破口将会是以商业资源集中为中心的综合信息化应用平台建设。而且只有通过最终的融合，才能够实现“任何时间”、“任何地点”、通过各种终端设备获得“任何信息”的最终目标。

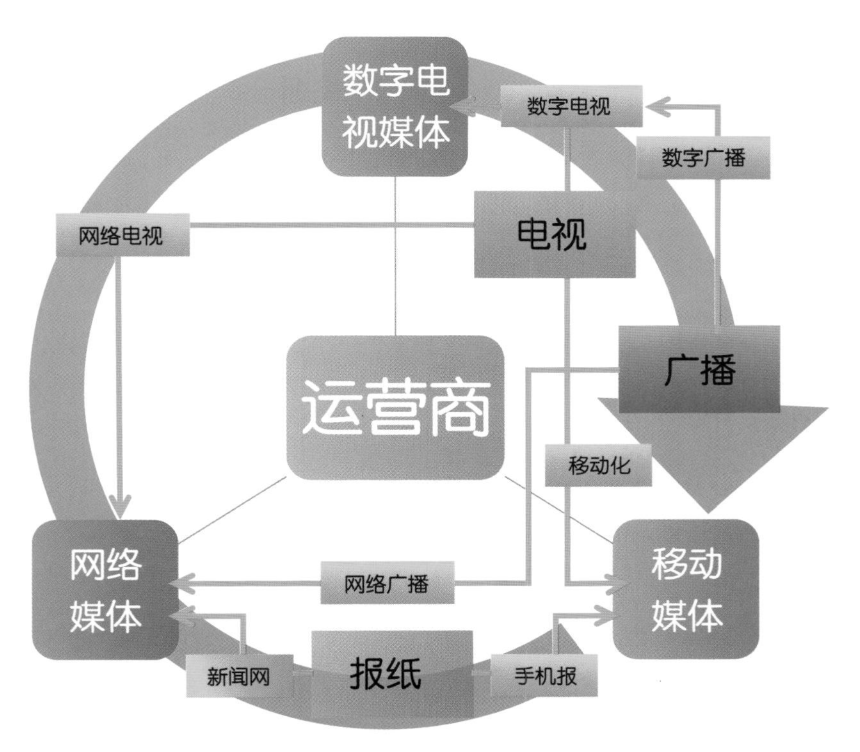

图1-24 新旧媒体融合演进，运营商将最终整合

运营商在移动媒体领域的成功将使传统媒体和其他类型的新媒体逊色，占领各行业和领域的信息化应用至高点，将为运营商带来巨大的经济利益和全新的发展机遇。

传统媒体在未来的发展只有紧密依靠运营商才能够取得最大的突破，而目前运营商对于终极融合的模式还在探索之中。

面向各类型用户提供产品、技术和服务的复杂性

中国移动推出的Ophone智能手机操作系统和Mobile Market平台极大地丰富了个人信息化应用，加速促进全民创新与应用。

图1-25 移动信息化应用发展方向

移动信息化面临巨大的工作任务。

- 产品和服务开发要满足个人和各行业的实际需求。
- 设计产品的一体化行业整合解决方案。
- 设计与以往不同的营销模式，并与其他运营商开展竞争。

数据业务、增值业务和信息化整体解决方案这三部分是构成移动信息化的主要部分，许多产品将不能够借助自有营业厅和社会渠道开展，产品的丰富性和复杂性决定了营销的多样化、统一化和规范化。

移动信息化大战早已开始

如何正确、深入地理解信息技术的商业价值，将信息技术切实应用到商业的运作之中，将真正影响运营商、信息产业从业者、企业、管理者、营销人员及用户，并且这种影响关系将变得更加复杂。

运营商竞争的焦点将不再是传统的语音和信息业务，移动互联网的竞争重点将逐步转向数据业务和增值业务，因此在下一阶段的全业务销售过程将呈现出更多的复杂性。

渠道管理、营销和服务人员如果没有充分地理解移动互联网与商业的关系，那么在数据业务和增值业务的营销方面，必然会出现与其他运营商同样的产品同质化和价格战问题。

因此运营商既需要深入研究移动互联网产业发展与大规模的商业化结合，同时又要迅速建立具有全国影响力的实效内外部教育课程和文化传播体系，抢占概念，快速跑马圈地，抢占行业标准。

长远的竞争焦点在于以下几方面。

- 面向新、老用户开展移动信息化应用的传播和教育；
- 搭建移动信息化应用平台，满足各类用户的信息化需求；
- 建立符合中国特色，并且可控的移动信息化、平台化及媒体化商业；
- 强化从技术到产品，再到用户的持续体验，建立实现商业应用和个人应用全面推进的新商业模式。

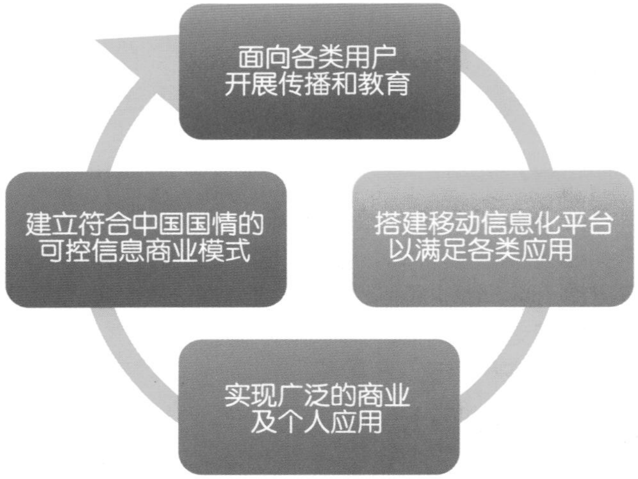

面向各类用户
开展传播和教育

建立符合中国国情的
可控信息商业模式

搭建移动信息化平台
以满足各类应用

实现广泛的商业
及个人应用

图1-26 中国移动的信息化发展任务

移动信息化发是一个持续的过程，其重点战略目标是加速用户应用的转换效率，实现广泛的个人普遍应用，以及提升行业信息化发展速度。

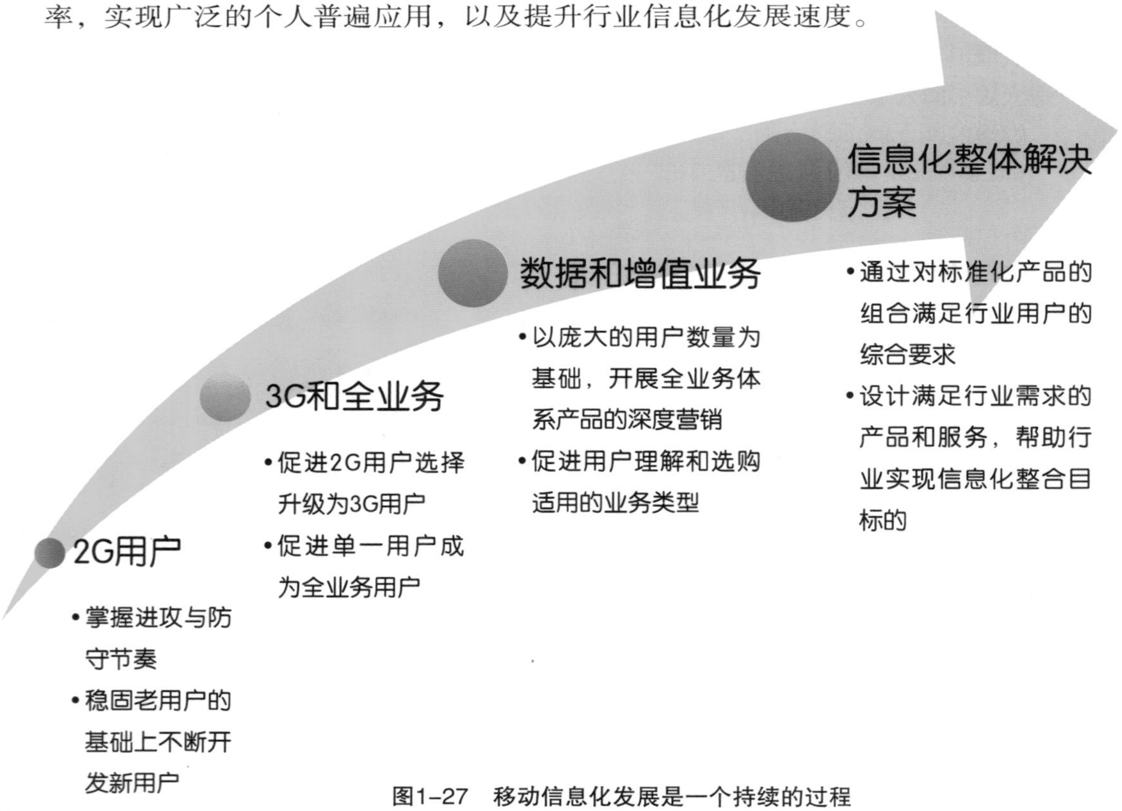

2G用户
- 掌握进攻与防守节奏
- 稳固老用户的基础上不断开发新用户

3G和全业务
- 促进2G用户选择升级为3G用户
- 促进单一用户成为全业务用户

数据和增值业务
- 以庞大的用户数量为基础，开展全业务体系产品的深度营销
- 促进用户理解和选购适用的业务类型

信息化整体解决方案
- 通过对标准化产品的组合满足行业用户的综合要求
- 设计满足行业需求的产品和服务，帮助行业实现信息化整合目标的

图1-27 移动信息化发展是一个持续的过程

运营商盈利重点的转变

现在，运营商的盈利重点已经从语音和宽带转向增值业务。

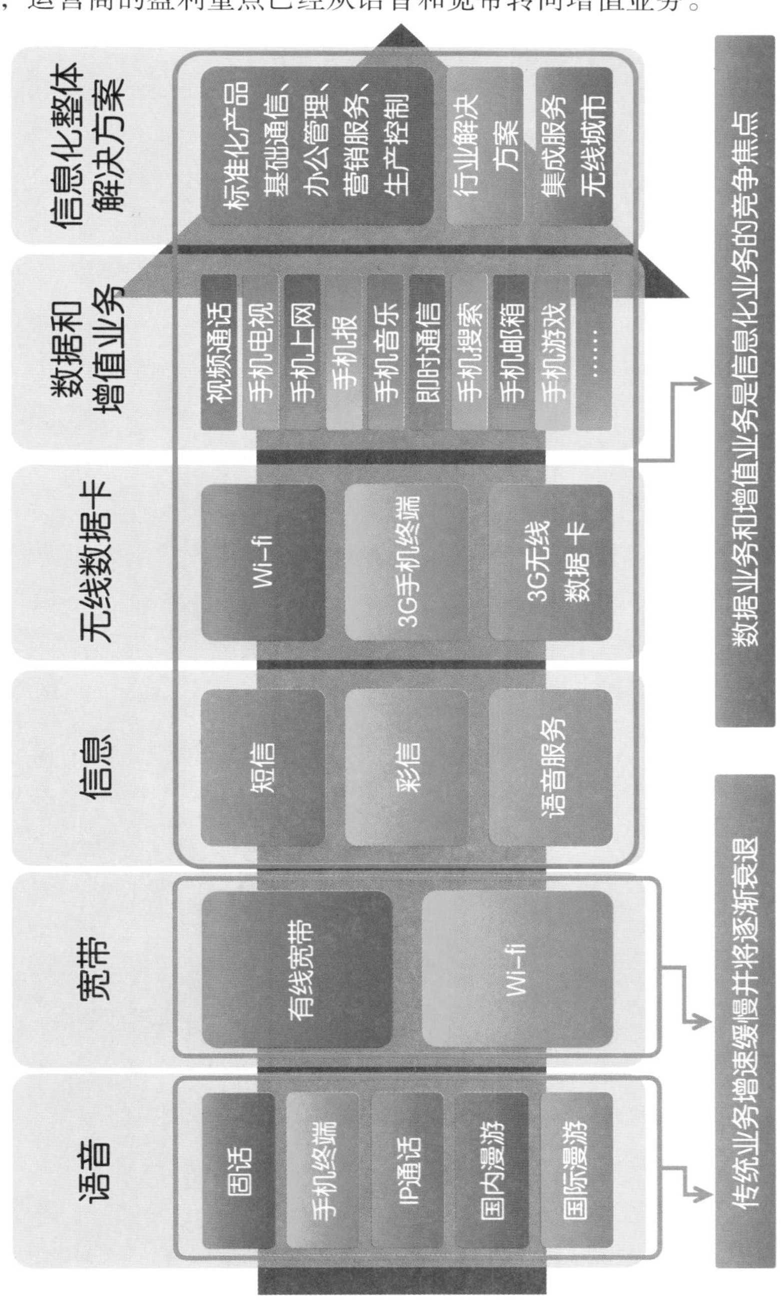

图1-28 运营商盈利重点的转变

正确理解移动信息化业务与业务组合的价值

从三大运营商推出的业务分布规律中可以看出以下几点。

- 目前数据业务和增值业务的最终使用者主要是个人。
- 针对行业和商业的业务应用仍然需要持续创新、深入挖掘和系统营销。

未来移动信息化的发展势必会产生诸多的社会行为，而所有的社会行为都将会重点围绕着用户的手机，那么在手机上最终将会演变出什么样的应用？

商业应用与个人应用两方面有机结合和互相促进，这才是推进移动信息化广泛和深入应用的最大动力

图1-29 个人应用与商业应用有机结合

移动信息化的核心价值在于：解决信息的自动采集（获取）、自动处理、自动深入挖掘和重复应用，通过无线信息化的信息流动，这种动态的信息获取、解析、应用及预测效率大大提高，同时真正实现了移动信息化，摆脱了时间、地点、对象等多重限制。

移动信息化系统的建立，从根本上避免了人与人沟通的不确定性，用无线的技术系统替代人力，完成自动化无人值守的商业全过程。

商业和个人用户对信息化的需求是极其迫切的，掌握这个双方共同的需求并提供相应的解决方案，移动信息化才能实现重大突破！

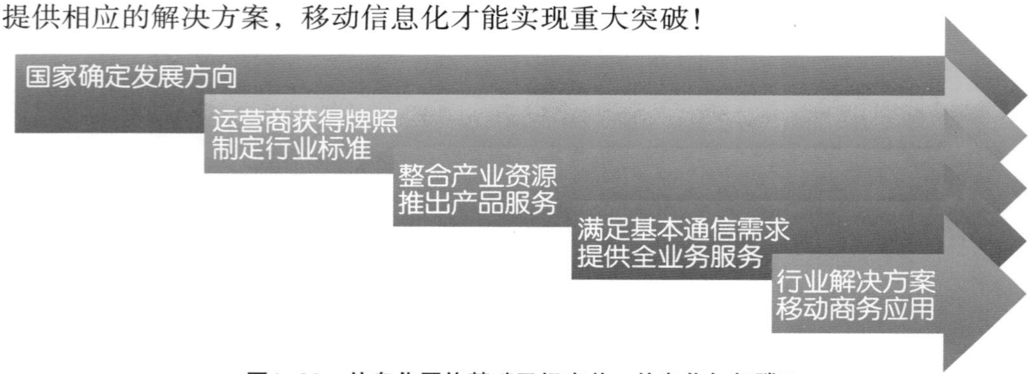

国家确定发展方向

运营商获得牌照
制定行业标准

整合产业资源
推出产品服务

满足基本通信需求
提供全业务服务

行业解决方案
移动商务应用

图1-30 信息化网络基础已经完美，信息化如何腾飞

TD业务促进移动信息化业务极大丰富和快速发展

由2G到3G的通信技术演进大幅度地提高了移动传输的速率，在未来热点移动增值业务将包括手机音乐、手机电视、手机游戏、位置服务、移动金融、移动商务等，这些都将在移动增值业务发展中扮演重要的角色。

中国移动推出的TD及其演进技术，将带动移动增值服务市场的规模不断扩大，产业链中各方的力量和角色也将随之发生变化。

对速率和带宽依赖性较大的业务，如流媒体、下载类业务、网络浏览业务的发展将得到技术的保证，客户体验得到大幅提升。

用户将是信息化应用的主体，运营商围绕着如何吸引客户、留住客户、迎合客户多样化需求，提供更丰富、更高质量的电信服务。这些服务将来源于增值业务整个产业链的不断融合、竞争和完善， 2G时代泾渭分明的产业角色划分将日趋模糊。

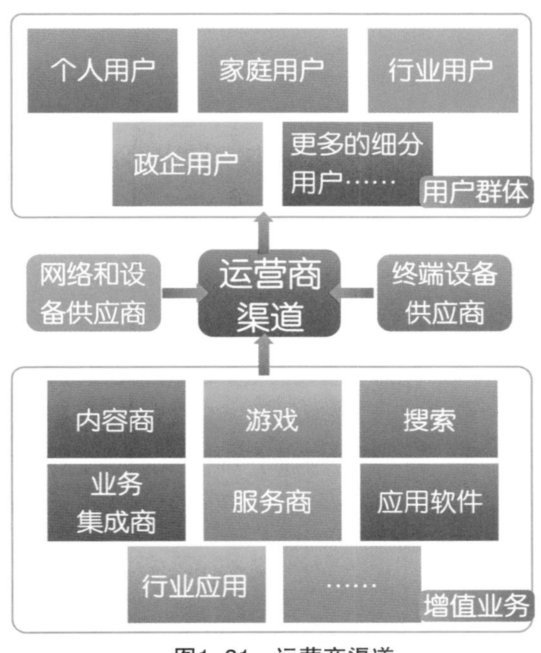

图1–31　运营商渠道

实现“移动改变生活”战略愿景的路径

从技术到产品，从人员到用户的全过程是实现数据业务和增值业务大规模营销的关键，只有各类型用户的广泛使用才是移动信息化的成功，也只有这样才能够最终实现“移动改变生活”的战略愿景。

图1-32 实现“移动改变生活”战略愿景的路径

中国的移动信息化推进面临的主要挑战

来自国际互联网公司的挑战

- 技术、专利、设备、网络和标准公司的制约。
- 终端及操作系统的大规模成熟应用。
- 高端手机制造商将借助终端设备和软件技术大规模蚕食高端用户。
- 包括软件、游戏、动漫等多元化和规模化的应用产业链优势。
- 各类型文化侵略。

来自国家政策要求的挑战

- 对推进信息化的战略定义及决心。
- 在3G产业持续投入的巨额资金。
- 具有中国自主知识产权的标准化体系建立。
- 基于移动互联网为基础的各行业深入应用需求。

来自运营商竞争的挑战

- 中国移动信息化行业标准的建立和引导。
- 对产业链资源的配置和整合。
- 对各行业适用解决方案及产品的开发存在难度，难以形成杀手级应用。
- 三大运营商主要产品和服务雷同。
- 数据业务和增值业务的营销推广方式单一，难以满足用户的深层次需求。
- 针对用户的传播与教育，并以此实现用户转

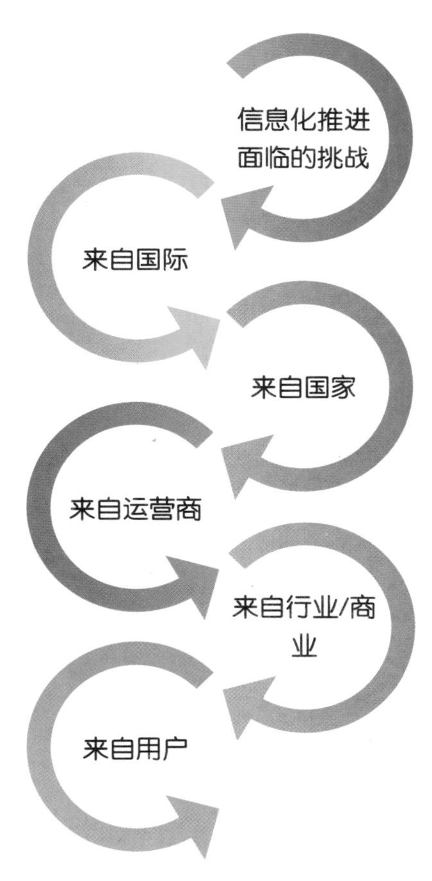

图1-33　中国的移动信息化推进面临的主要挑战

变和购买。

- 以往的商业模式过于复杂，服务成本高，需要更多的人力支持。

来自行业和商业需求的挑战

- 商业与信息化的结合和促进，是迫切需要补齐的短板。
- 时尚、创意、文化和体验经济将借助3G技术获得腾飞。
- 基于移动商务的商业模式需要创新。
- 目前的应用主要是用于信息的单向传递，多向连接和互动无法实现。

来自用户需求的挑战

- 手机终端样式丰富，基于硬件和软件要求的各项应用无法加载。
- 用户只接受免费，还未养成为增值业务和数据业务付费的习惯。
- 用户对3G技术和应用的了解不够，理念多于实践。
- 针对性的产品和技术的营销与普及难度日益增大。

移动信息化需要突破的多层级标准化传播障碍

中国移动的全局教育、传播、管理、控制和协同方面，必然存在多个层级，这些层级中的信息和指令需要层层传播，只有实现以下两种传播方式才可以更快速和彻底地发展移动信息化：内部传播，基于中国移动内部传播的交互过程；外部传播，基于移动品牌到企业和用户的交互过程。

传播的过程通常都会经过许多环节，每个环节中传播的误差都将直接改变传播的效果。

由于内部传播机制的形成是多年经营的结果，传播过程中的关键并不是层级的关系，而是传播源和传播方式的问题。

图1–34中的螺旋曲线，称为“阿基米德螺线”，螺线的中心起点和趋势是否正确，决定了能否得到正确的过程和结果，这个点可以是核心竞争力，可以是时间机遇点，可以是产品或技术，可以代个任何一个等待复制并执行的要重要因素。

图1–34是基于移动信息化构建战略终端的体系的核心思想，实现从战略到终端的执行力是一个复杂的体系[①]。

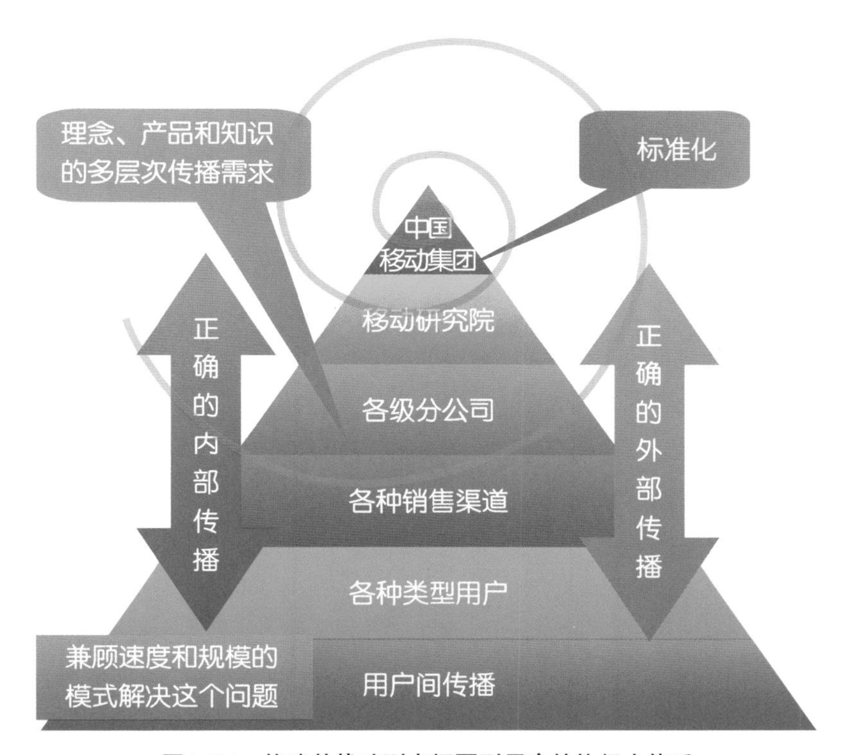

图1–34　构建从战略到市场再到用户的执行力体系

“泛运营商”改变了信息化产品的营销

运营商的定义是通过运营一种业务来获得利润的厂商。用这个标准去衡量移动互联网产业链内提供相关服务的厂商，我们就会发现，一个“泛运营商”时代

① 此处的终端，不是指手机终端，而是指任何类型的用户接触点。

已经来临，比如：谷歌、腾讯、淘宝、苹果、人人、360、暴风影音、风行、迅雷……这些公司都可以理解为“泛运营商”。

“泛运营商”的触角不断延伸，仅仅依靠通道，使用和发展自己的商业模式，就可以不断地获取广泛的用户、掌握所在领域的入口控制权及通过用户收费。

“泛运营商”的存在依存于移动互联网的网络、入口和通道之下，他们借助移动互联网的快速成长，形成了自己独特的商业环境，源源不断地实现着收益。

“泛运营商”大致具有下列特征。

- 可以是实体的，也可是虚拟的。
- 拥有广泛数量的用户，甚至数以亿计。
- 提供的服务具有长期性和高度的黏性。
- 可以向不同类型的用户收取相应费用。
- 由固网向移动互联网不断地迁移发展。

图1-35 “泛运营商”的营销模式

- 免费吸引，为收费用户提供优质服务。
- 其商业模式不断创新，发展速度飞快。
- 借助通信运营商发展内容入口和用户。
- 资金雄厚，并且获得了持续发展能力。
- 传统运营商也在向泛时代发展但乏力。
- “泛运营商”不断挤压和限制传统运营商发展。

“泛运营商”通过对移动互联网入口和内容的控制，借助运营商的管道，创新了有竞争力的营销模式。

正是因为运营商和“泛运营商”不断地创新，不断地丰富着产业链的内容、应用及商业模式，整个产业链才会拥有蓬勃发展的机会，这将进一步奠定移动互联网时代飞速发展的基础。

未来商业将不断地基于互联网和移动互联网进行进化，形成以用户为中心的商业生态环境。

当基础环境逐渐成熟时，信息化与商业的结合将是下一步无限可能的新金矿，而无论未来如何发展，其胜出者必然能够透过乱象探寻新发展模式，以面向未来的商业发展思维获得成功。

增值业务的成功营销是移动信息化成功的关键

从国际3G运营商数据业务运营经验和竞争形势来看，增值业务将占据运营商总收入的50%以上，同质化竞争愈演愈烈，异质化竞争逐步紧迫。

从国内三大运营商的财务报表来看，3G数据业务的收入占整体收入的比重越来越大，增值业务的发展将成为国内运营商应对全业务竞争，抢占3G市场领导者地位的最重要领域。

如今，增值业务的外延不断扩大，已经向新闻、传媒、娱乐、广告、金融、保险乃至更多的行业领域渗透，中国移动将面临更多的、外延更广的异质竞争，同时也面临更多的合作机遇，增值业务是实现移动信息化的产品和服务，只有用户大规模使用和订购增值业务产品才能够实现移动信息化目标。

图1–35　增值业务发展面临的主要障碍

延伸阅读

1 移动互联网新产业格局

2001 年，德国电信引入一个新理念：未来是一个T.I.M.E.S时代（T代表电信，I代表信息技术和因特网，M代表多媒体和移动商务，E代表娱乐和电子商务，S代表系统解决方案和安全业务），未来的发展是将这五项融合在一起。

这个新理念将公司运作分为四个核心支柱部门和一个非核心业务部门。

四个核心支柱部门为：T-Online（欧洲最大的因特网业务提供商之一）、T-Mobile（全球移动通信业务）、T-System（IT/电信解决方案）、T-Com（国内固定网和市场营销基础设施）。

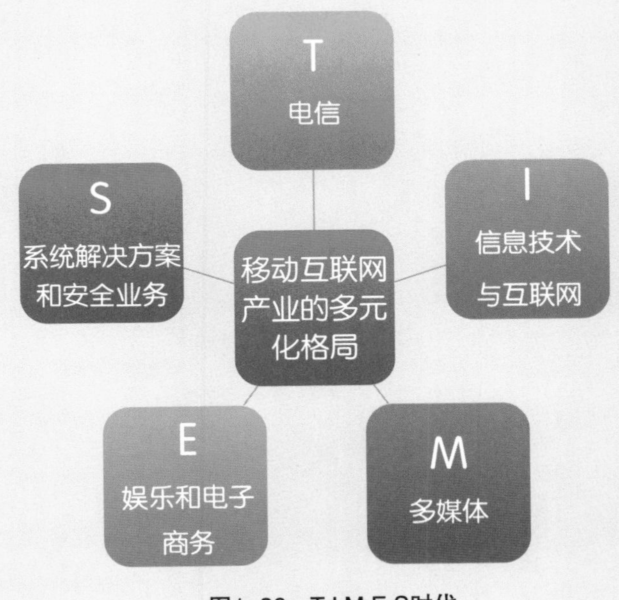

图1-36　T.I.M.E.S时代

中国移动面向全业务运营，以用户需求为中心，兼顾内部管理，建立产品分类管理体系，明确不同产品所处状态及现阶段重点；初步实现不同产品在业务能力上的复用和融合；明确各业务领域公司角色定位及核心控制点，并积极探索内容、渠道、终端、平台等多领域的差异化商务模式，整合资源、协同发展。

目前，中国移动通过细分用户群和基本需求，对产品进行归类，已逐步实现同类业务的整合和交叉营销，并从中挖掘新增长点。

中国移动用户需求模型ECLUB，这样的一个结构构成了符合中国国情的移动互联网模式。ECLUB即以下几个方面：

娱乐（Entertainment）；

沟通（Communication）；

学习（Learning）；

日常生活（Usual-life）；

商务（Business）。[①]

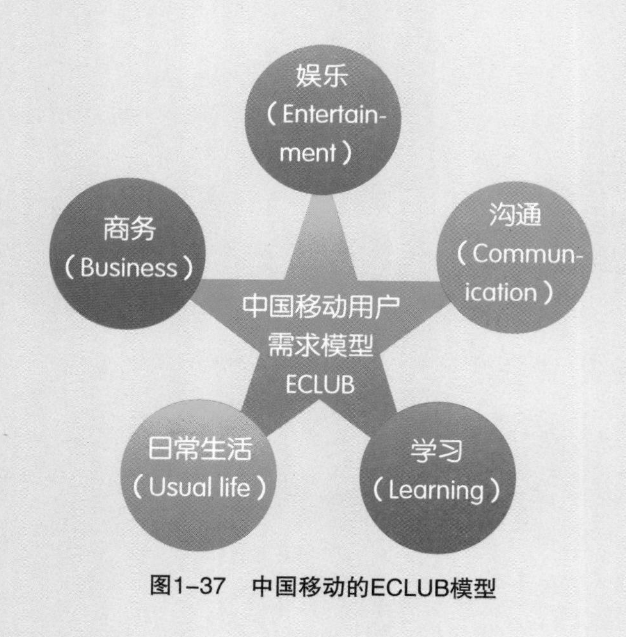

图1–37　中国移动的ECLUB模型

① ECLUB模型摘自中国移动咨询报告。

延伸阅读

2 移动某省公司移动信息化产品体系

中国移动的语音业务、信息业务、数据业务、增值业务的种类和应用呈现多元化发展趋势。在这种情况下，我们不禁要问：

这么多的产品和服务该如何呈现给各类需求的用户？

如何产生大规模的销量？

如何实现信息化产品与商业的结合？

如何解决低成本和快速的营销实现？

语音通信类

- 销号重开、服务密码、过户、品牌互转、开户、补换卡、销户、改号、全球传信、全球通安心100业务、中文秘书、17951IP、呼叫限制、留言信箱、来电显示、三方通话、传真与数据、呼叫等待、多方通话

无线上网类

- 手机证券、手机阅读、手机游戏、WLAN、手机快车、EDGE、GPRS、无线音乐俱乐部、无线音乐首发、手机视频、g+游戏包、移动飞信、音乐随身听、号簿管家、139邮箱、PushEmail、随E行、百宝箱、WAP、手机银行WAP业务

国际通信类

- 国际及港澳台长途、国际医疗救援服务、国际短信、中移香港一卡多号、**139业务、一卡多号、韩国KT一卡多号业务、国际及港澳台漫游、国际及港澳台长途、香港日套餐、彩信国际漫游锦囊、国际漫游天气预报、国际彩信

信息服务类

- 手机商界、手机投注、全体育、全能助理、汽车宝典、健康随行、健康小管家、家庭印相、语音杂志、手机导航、红段子俱乐部、手机报、智能应答、短信套餐、彩印、12580生活播报、电影俱乐部、营养百科、快信100、手机电影票、彩铃广播、彩铃DIY、通信助手、清单被查通知、短信服务、图信、家庭手机报、彩信帐单、无线音乐短信搜索、移动彩铃DJ、短信回执、动感短信、彩信、彩铃按键复制、手机订报、航信通、彩铃、12580、移动快讯、亲情汇款、彩铃加加、短信帐单、彩信明信片、老乡网、不良信息举报站、中国移动手机桌面助理

图1-38 某省公司全球通业务分类[①]

① 摘自中国移动某省公司网站。

本章思考和讨论

配合本章的内容请思考和讨论下列问题：

一、移动互联网带来了哪些社会变革？

二、信息化为国家的发展带来发哪些促进？

三、三网融合带动了哪些产业的融合和发展？

四、中国移动该如何推进移动信息化发展？

五、中国移动近十年的信息化开放和合作模式变化呈现什么趋势？

六、移动信息化发展面临的主要挑战是什么？

七、中国移动在“十一五”期间的主要成绩是什么？

八、“十二五”该如何实现移动信息化的落地？

九、如何实现聚合服务？

十、为什么要实现智能管道运营和智能信息运营？

十一、OPhone和Mobile Market将如何促进增值业务的营销现状？

十二、请详述移动信息化与无线城市的关系。

十三、如何解决语音衰退对运营商收入的影响？

十四、有人认为全业务就是把所有的业务做成套餐一起卖，你怎么理解？

十五、讨论微信对于语音业务的影响。

十六、分析本省移动信息化产品体系的最佳营销模式。

十七、运营商的竞争过程中，如何掌握移动互联网的入口？

传统商业经营在信息化时代被冲击得七零八落，信息的发展速度和广泛应用使得传统企业无所适从。

分析商业依托传统手段发展与借助信息化手段发展的差距，能够为提升传统商业经营借助信息化发展提供动力。

第二章
传统商业经营在信息时代的瓶颈

传统商业在信息化冲击下的变化趋势

在信息化冲击下，商业宏观环境的变化呈现加速化的趋势，并且会变得更加难以预测。

- 免费成为一种大趋势，否则很难吸引客户的眼球。
- 促销成为常态化，不做促销客户就不购买。
- 单一产品无法实现大量的营销。
- 利润越来越透明，利润率越来越低。
- 客户追求品牌的趋势日益明显。
- 新品牌成长历程艰难。
- 网络分流了客户，逐渐成为主流营销渠道。
- 进入传统商业卖场的门槛越来越高。
- 营销人力资源成本越来越高。
- 物流和各项服务成本不断攀升。
- 网络电子商务模式日新月异，企业依照传统运营方式取得成功变得不易。

经济	政策	价格	消费
资源	服务	网络	支付
市场	客户	竞争	资金
成本	时间	品牌	习惯
制造	供应	传播	广告
传播	连接	管理	……

一切都开始变得复杂起来，而且没有可借鉴的成熟模式

图2-1 商业环境变化

- 企业追求高利润越来越难以实现，在价格与销量方面都呈下降趋势。
- 山寨产品泛滥，盗用品牌或搞品牌“擦边球”者甚多，且企业在借助信息化技术获得品牌和营销的突破方面充满了困惑。

客户在信息时代新商业环境中的变化

商业不断地被新技术所推动，同时也不断地借助新技术取得突破。

面对越来越独立、有个性、追求时尚的客户，即使是经营最好的公司都会感到害怕，因为没有人知道客户明天会提出什么样的要求，也无法想像竞争对手会采取哪些独特的方法与手段获得更高的市场份额和利润。

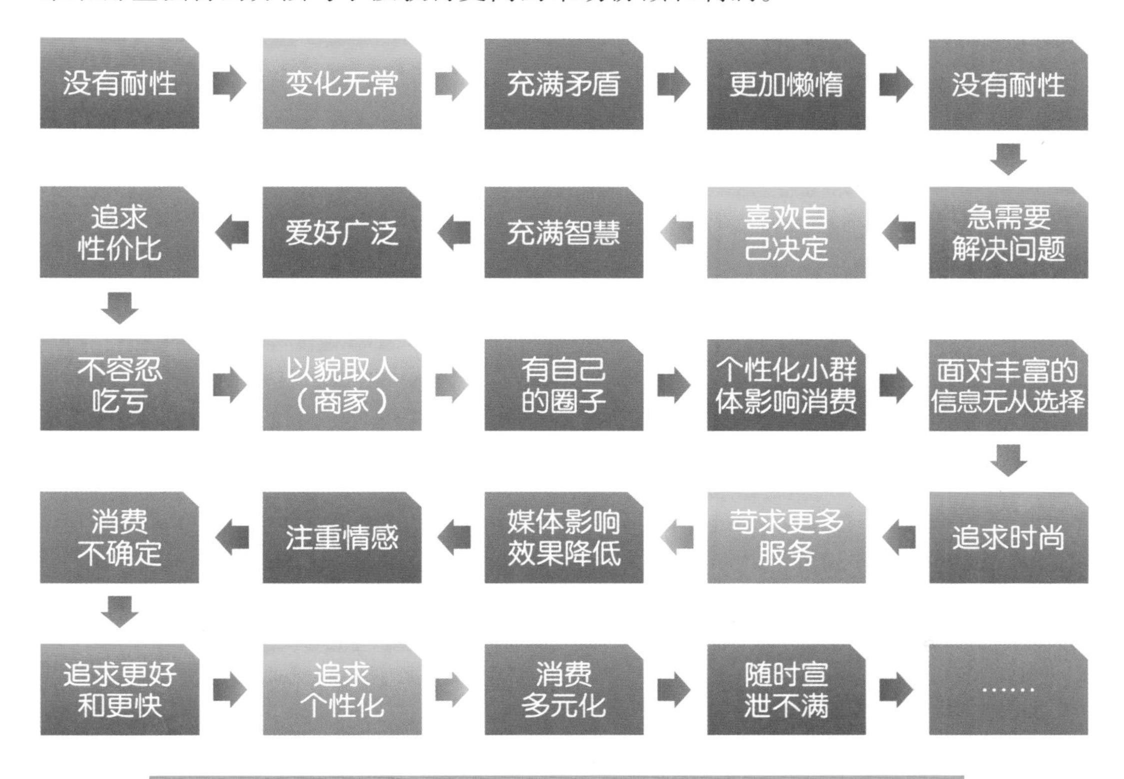

图2-2　客户在信息时代新商业环境中的变化

商业经营者如果不能理解信息化带给商业的影响，不能及时掌握客户的心理，不能准确地预期客户行为的变化，并提前对这些变化制定出应对策略，那么客户将无情地离品牌而去！

企业以往所坚持的一成不变的运营方式与服务理念，将被客户不断更新和升级的需求所冲击。因此，企业必须要理解信息化的本质，了解信息化的规律，并果断搭上信息化技术的快车，从而获得新的发展。

传统商业经营面临四种无法回避的挑战

在传统营销的商业运作过程中，几乎所有的商业行业和活动似乎都会面临以下四个难以解决和协调的问题。

赌博：在终端的任何投资并不能够保证得到预期的回报，许多企业期望通过对硬件的投资和规模的扩大得到回报，往往事与愿违。

浪费：由系统到终端的实现过程较长，随着内部传播的环节传播效果减弱，品牌在终端几乎无人能够知晓，同时许多资料、样品、活动也很难发挥其应有作用。

推销：销售人员面对客户时，通常都是凭“直觉”进行沟通和活动，正确和有效的方法往往需要许多年的积累，因此推销是许多销售员唯一可采用的方法。

被动：任何新品上市，都要经历上面的过程，无论在当地市场操作多久，都没有建立完善的动态客

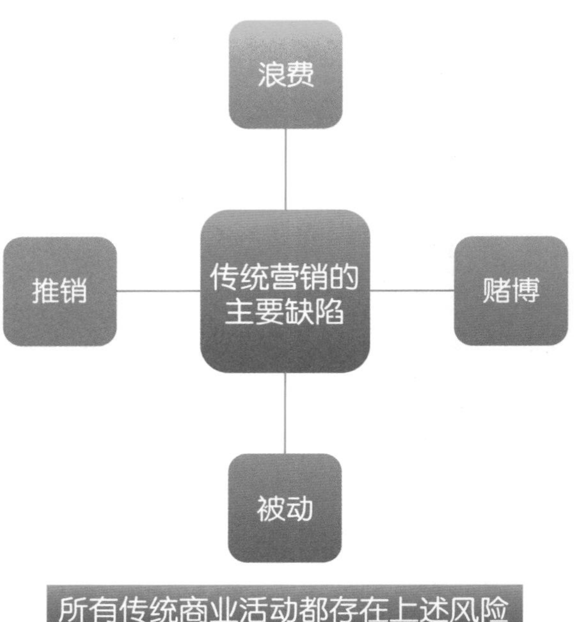

图2-3 传统营销的主要缺陷

户数据，许多公司即使有数据，却没有找到快捷和低成本的有效沟通机制。

现在，一些有相当影响力的品牌逐步尝试通过电子商务、团购、微博等方式拓展新的营销渠道，也获得一些回报。

这类商业和品牌借助信息化获得发展的方式，使人们认识到按照传统的营销理论操作品牌的成功性微乎其微。

另一方面，信息化技术帮助品牌在“瞬间”突破了以往需要花费大量金钱、时间和人员才能达到的营销目标。

信息化商业模式将实现传统商业经营从被动到主动再到互动的重要转变。

传统经典营销理念的困惑与无奈

我们看到客户的需求是无止境的，信息时代的客户更是如此，随着信息、媒介和传播手段的多元化，传统的营销理念将难以为企业继续准确创造价值。

4P真的有效吗？这么多的矛盾将无法调和。

产品品质与价格矛盾；

促销与客户忠诚矛盾；

降价与价格体系矛盾；

渠道与服务水平矛盾；

更多矛盾不可协调……

再多几个P又能如何？

我们发现，在商业中能够影响结果的因素很多，但能够真正被商家控制和做好的却非常少。

如果某种技术能够对企业品牌营销起到持续提升作用，才是最大的价值所在。

众多的中国企业，迫切需要找到一种解决企业实际问题的行之有效的策略与实践技巧，为企业的持续发展提供全面保障。

我们认为基于移动信息化的技术、产品和服务可以解决这些充满矛盾的商业要素。

充满了矛盾与困惑的经典营销理论，真正适合中国市场吗？

或者是中国市场还未建立具备可复制和持续性的理论体系？

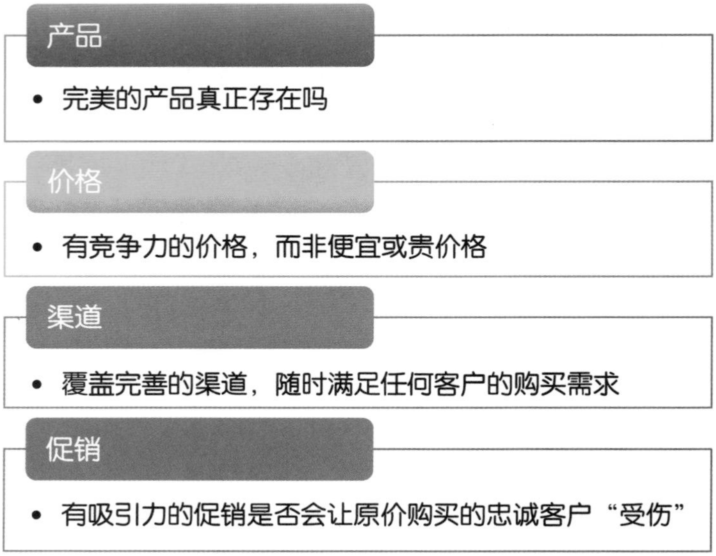

抑或者是中国市场还不能够适应信息时代的用户需求。

产品

- 完美的产品真正存在吗

价格

- 有竞争力的价格，而非便宜或贵价格

渠道

- 覆盖完善的渠道，随时满足任何客户的购买需求

促销

- 有吸引力的促销是否会让原价购买的忠诚客户“受伤”

图2-4　充满困惑的经典传统营销理论

经典市场营销理论与信息化时代

中国的市场营销理论几乎完全来自于西方国家，或者是在其基础上的改进，但西方国家市场营销理论的基本假设是：拥有完美的产品、具有竞争力的价格，构建完美的渠道和制定有吸引力的促销。当然还有一个最重要的因素：有足够多的资金来支持。

有谁能够同时做到这些？中国众多的中小型企业和销售公司不是没有这种资金实力，而关键问题是资金并不是保障成功的唯一因素，企业更不可能去构造所有有利的“假设”，因此西方的传统理论会让更多的中国公司在不知不觉中更快地走向衰亡。

西方市场营销理论的主要价值在于让我们对市场的量化和规律产生了重要认识，通过观察和分析市场的发展方向，我们也从中找到可遵循的规律，作为对企

业未来发展的重要参考。

中国是一个多民族、多元化、多习俗、幅员辽阔的国家，没有任何一种市场营销理念或手段能够面面俱到。

许多企业经历了疯狂的发展时期，获得了巨大的利润积累，但因为经营能力、客户群体、人才团队等并没有与财富积累速度同步，随着外界环境的变化，许多企业终究把聚积的财富又还了回去。

许多企业制定的战略从理论上来讲都正确，却往往不能实施。自改革开放至今，中国在传统商业社会发展的历程只有短短的三十多年时间。现在，创造符合中国商业发展的理论和实践显得尤为重要。

中国商业迫切需要提升的愿望也与日俱增，如果能够针对品牌的稳固建设和发展提供创新的信息化支撑手段、适应中国市场的信息化营销理念、优秀的品牌成长模式以及自动化的商业动态数据管理模式，那么运营商就有可能帮助企业持续稳固地掌控未来最重要的资源——数据和信息。

互联网的各种应用为商业带来了日新月异的变革，移动互联网将会重新建立新的格局，把一切商业要素通过“无线”的手段“链接”在一起。

基于上述原因，以信息化与传统商业的结合促进商业发展及商业促进信息化的腾飞成为当今社会的一个大命题，信息化与商业的结合，将成为真正助推促进实现工业化、信息化、城镇化、市场化、国际化深入发展及大力推进信息化与工业化融合发展的基础。

我国“十二五”规划明确下一步发展方向，工业化、信息化、城镇化、市场化、国际化等“五化”力量充分释放，信息化将承担重要支撑任务。

信息化与商业的结合，其核心要素是人、信息与物，解决这个问题，就为其他“五化”的流通打通了道路。

移动信息化的本质是信息的流动，无论是工业还是城镇，市场或者国际，信息的运作方式将改变这一切。

执行力是商业营销面临的最大瓶颈

优质的产品！低廉的价格！有吸引力的促销！舒适的购物环境！热情的服务！企业想尽一切办法取悦客户，为什么客户还是不愿意掏钱?

这一切的原因就是：渠道的失败就是品牌的失败。

- 品牌的积累依靠每个市场、每个销售人员、每个店、每一天、每个人，每一单的销售量。
- 品牌的积累依靠销售人员多少次正确地传播了品牌，正确地展示了品牌的价值。
- 每个行业、每个企业、每个品牌、每个销售公司、每个店、每个人、每时每刻、每一次传播与每一单业务的交易都是构筑品牌大厦的基础。

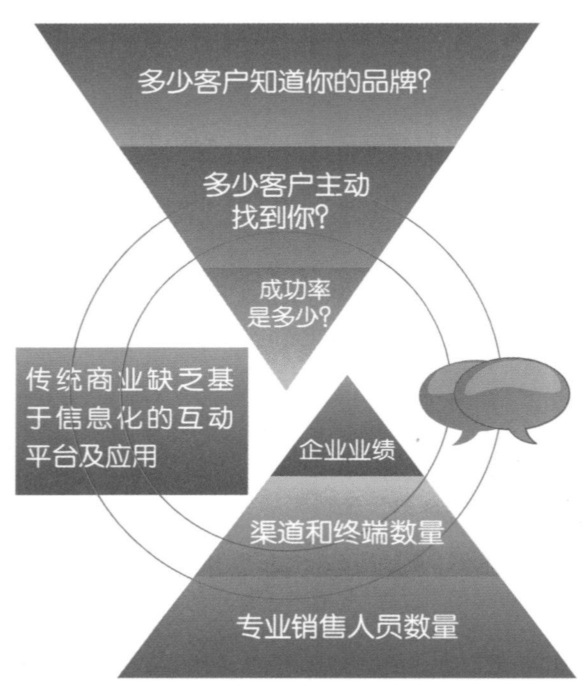

图2-5　传统商业缺乏基于信息化的互动平台及应用

要从根本上解决人的执行问题，改变人的思维模式，改变人的行为模式，是一件非常困难的事情。

只有借助移动信息化手段，通过规模化和标准化的商业互动流程，实现标准化的外部传播，才能够实现销售业绩短期突破和长期持续提升的渠道增长力。

在中国市场，营销的过程通常都会经过许多环节，每个环节传播的误差都将直接改变传播的效果。

传统商业中最有价值的部分是客户与客户之间的传播、媒体与客户的传播，但这些也因为缺少信息化手段而难以产生价值。

移动信息化的广泛应用基础主体将是企业和个人，只有两方面都大规模使用移动信息化产品，才能够为国家贡献价值，进一步助推更广泛的信息化大潮。

基于信息化的商业是永续经营的无极限事业

传统企业寿命极短，而品牌的定位和塑造却是一个漫长而艰巨的系统工程，现在品牌的建设比以往更加困难，所以商业的经营过程也显得异常艰辛。

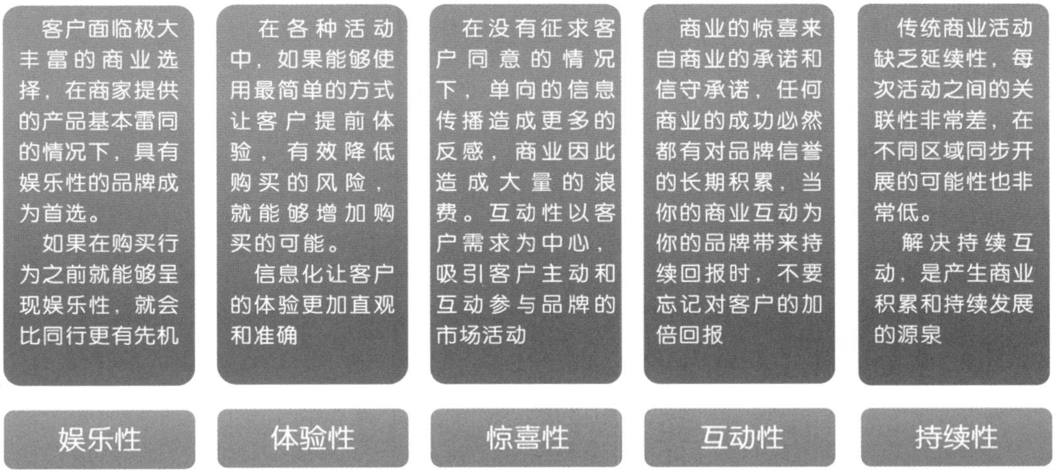

客户面临极大丰富的商业选择，在商家提供的产品基本雷同的情况下，具有娱乐性的品牌成为首选。
如果在购买行为之前就能够呈现娱乐性，就会比同行更有先机

娱乐性

在各种活动中，如果能够使用最简单的方式让客户提前体验，有效降低购买的风险，就能够增加购买的可能。
信息化让客户的体验更加直观和准确

体验性

在没有征求客户同意的情况下，单向的信息传播造成更多的反感，商业因此造成大量的浪费。互动性以客户需求为中心，吸引客户主动和互动参与品牌的市场活动

惊喜性

商业的惊喜来自商业的承诺和信守承诺，任何商业的成功必然都有对品牌信誉的长期积累，当你的商业互动为你的品牌带来持续回报时，不要忘记对客户的加倍回报

互动性

传统商业活动缺乏延续性，每次活动之间的关联性非常差，在不同区域同步开展的可能性也非常低。
解决持续互动，是产生商业积累和持续发展的源泉

持续性

图2-6 商业借助信息化才能实现永续经营

未来的商业必须是自动化、低成本，且具有持续互动能力的商业。

如果能够从一开始就选择正确的模式进行正确的商业资源积累，同时把每个商业活动都自动记录下来，形成动态的商业互动中心，同时用户可以选择更多丰富的连接和互动方式，根据自己的意愿选择服务，享受和分享最佳的购买体验，那么商业将变得更加自由和具有更多的扩展性。

我们认为，商业活动应该是全面信息化的、互动型的、娱乐化的、充满体验与乐趣的过程，商业的永续经营必须与信息化结合起来，才能最终实现这个目标。

对客户进行新的分类很重要

商业想同时做到下面这些，需要付出多大代价？

- 产品品质无可挑剔，使用没有后顾之忧。
- 企业形象完美无缺，客户口碑无惧考验。
- 价格具有竞争优势，销售网络覆盖完善。
- 服务质量客户满意，应用技术全球领先。
- 商业品牌美誉极佳，经营过程诚实信用。

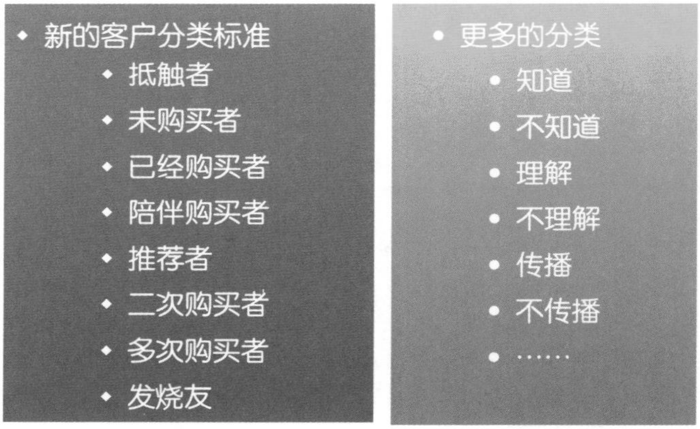

- 新的客户分类标准
  - 抵触者
  - 未购买者
  - 已经购买者
  - 陪伴购买者
  - 推荐者
  - 二次购买者
  - 多次购买者
  - 发烧友

- 更多的分类
  - 知道
  - 不知道
  - 理解
  - 不理解
  - 传播
  - 不传播
  - ……

图2-7 新的客户分类及更多的分类

那么请思考下面的问题。

- 丢掉的客户重要吗？
- 没有购买的客户重要吗？
- 那些流失的客户在想什么？会再回来吗？

在传统的商业经营过程中，每个商家都处于激烈的竞争之中，客户购买任何一家店的产品都是正确的。唯一的“错误之处”在于：客户竟然没有购买你的产品，而是购买了你的竞争对手的产品。

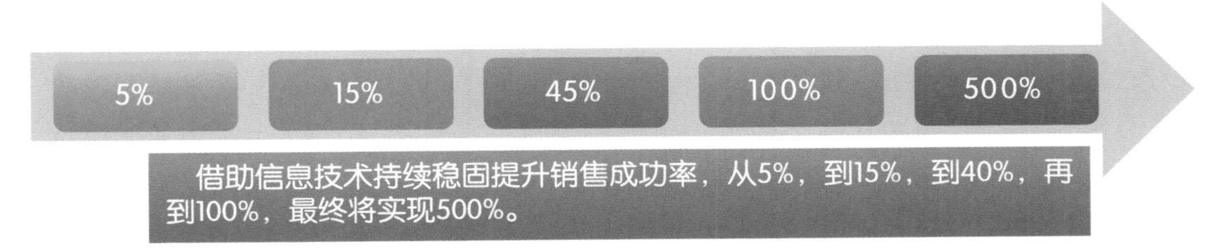

图2-8 信息技术使商业持续提高成功率

未购买客户将是未来激烈争夺的资源

未购买客户有价值吗？要想回答这个问题，商业需要思考以下问题。

如何使未购买的客户也产生价值，即使客户当时不购买，也能够得到客户之间更多准确的传播，为其他有需求的客户带来更好的传播效应，使他们在未来的某个时刻购买产品时第一个想到你。

如何使已经购买的客户掌握清晰的传播方法，实现客户之间顺畅的口碑传播，并且让他们（包括未购买客户）在下次消费同类产品时，第一时间想到你。

品牌与客户的互动，是一个复杂的系统工程，从本源到结果，用基于人的需求及习惯，来指导其中的关键环节，并且降低实施的风险。

客户与客户之间的互动，是商业中最有价值的部分。建立一个无限发展的传播循环，是企业持续成功的关键。

从营销实践来看，当用户总发展量呈现饱和趋势的时候，两个方面是客户新增长的源泉。

- 如何引导客户转化为高级客户。
- 如何把未购买客户转化为购买客户。

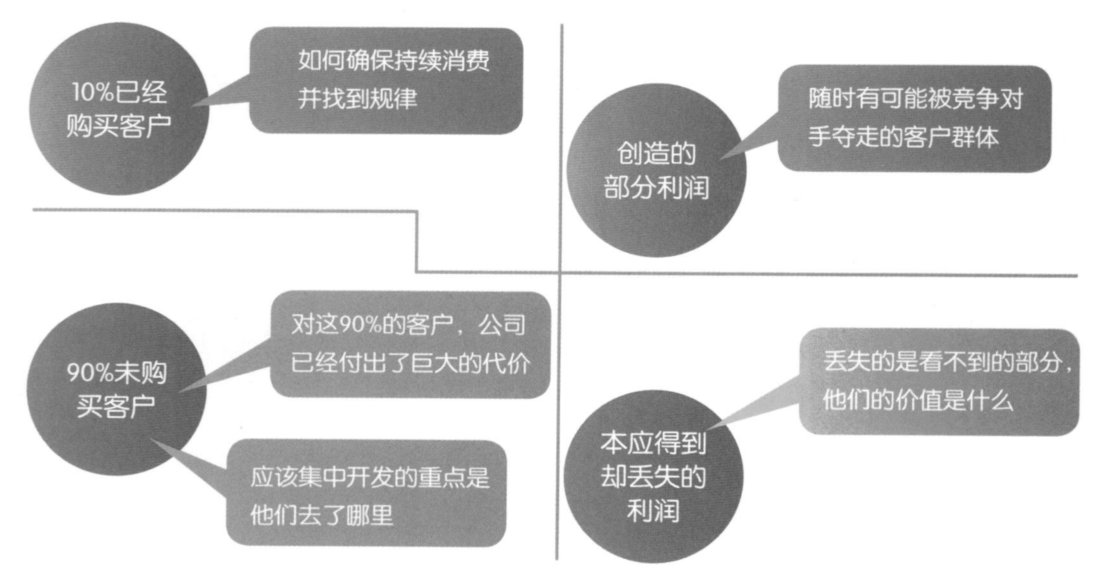

图2-9　商业经验的关键在于对客户购买率的持续提高

信息化支撑传统商业经营的多层级营销模式实现

几乎所有的营销和销售类教科书都在宣扬一个观点：维护老客户并且不断开发新客户。

然而，由于开发和维护客户的过程都是由人来传播的，任何偏差都有可能导致结果的不理想。其过程无法用严格的标准量化，结果只能由开发者的能力和心情决定。

人与人的大量重复信息传播是最不可靠的，其原因是影响传播结果的因素太多，而最佳的替代方法就是使用自动互动的信息化技术和系统替代人与人的沟通。

使用移动信息化技术可以寻求到恰当的解决方案：

- 降低销售人员的工作难度，把传统营销的工作变成标准化流程中的一个环节，销售人员只需要做简单而重复的事，就可以让客户主动发起和品牌的互动。

- 以信息系统为标准开展作业，把大量人与人沟通的工作用信息技术系统来替代，大幅度降低人与人沟通的难度。
- 经过设计的、从客户体验角度应用和服务的界面非常简单。
- 借助现代发达的移动支付、物流等服务，逐步缩短营销层级，最终实现品牌与客户的直接连接。

图2-10　基于移动信息化的商业是多层次和双向互动的

信息化技术是一柄双刃剑，遵循正确商业规则的商业将获得正面的回报，而违反商业规则的也将加速消亡。

速度与规模是信息化提供给商业最重要的价值

现在我们正置身于信息时代，面临新的商业竞争，以往任何的成功战略与理论都将变得只具有参考作用，而不是决定作用。

一味依靠过去的成功经验，必将成为未来发展的重大阻碍。

商业是一个巨大的舞台，在丰富和复杂中存在着必然的发展规律，寻找这种规律，并且掌握这种规律为商业所用，将是商业中最大的力量。这种力量就是移动信息化的力量。

企业的成功是一个复杂的系统工程，如何从一开始就正确定义、安全启动、循环改进、拓展空间、增长市场、建立正确的商业循环，这是每个企业在经营过程中面临的最大风险和挑战所在。

未来成功的企业必然要掌握正确的方法、策略、模型和工具，通过建立正确的商业循环，使企业战略发展目标能够被正确实施。

移动信息化产品和服务帮助企业兼顾速度与规模，解决商业中最重要的问题。

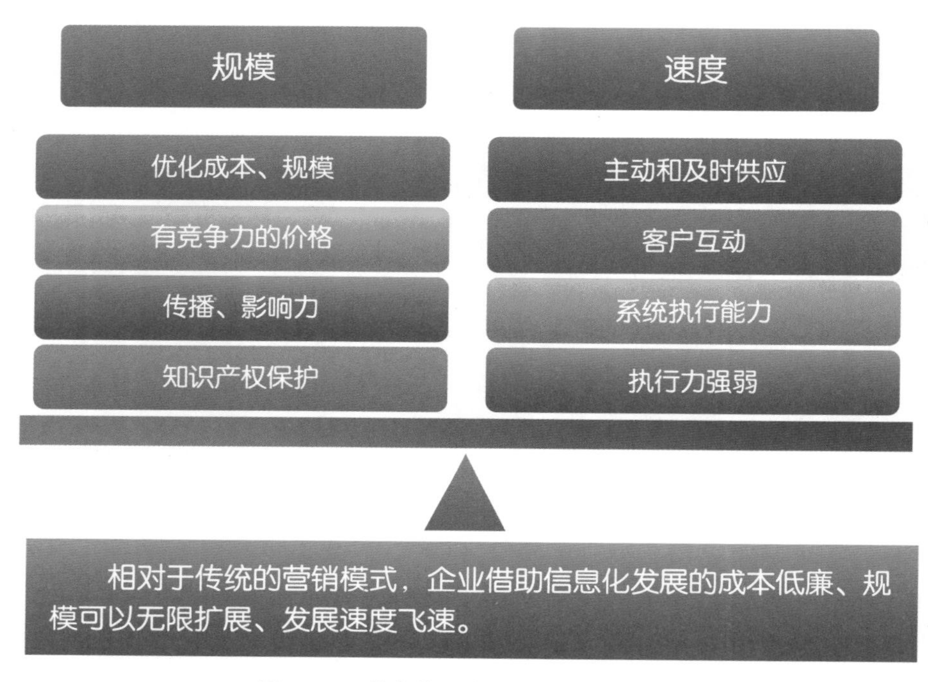

图2–11　信息化为商业带来速度与规模

基于信息化的商业模式创新是企业的新经济增长点

当今企业间的竞争是商业模式之争，那么什么是企业首要考虑的核心竞争力？

创新？

整合？

商业模式？

领先技术？

信息技术？

每个企业的实际情况都是不相同的，因此选择适合本企业的战略创新，需要承担相当大的风险。

与实际情况相比，企业的商业模式都难免落后于现状，而且，未来商业模式创新的速度必然会不断加速，因此企业的创新准备应该先于企业的现实状况。

信息技术将通过创造一种更快、更好、更完整的商业互动技术，以为客户提供价值、建立新型客户关系的方式来获取品牌价值。

如果创新无法与商业结合或无法在商业中广泛应用，那么其价值是非常低的。

创新带来附加值和差异化，使企业所经营的产品、服务和技术都不再是普通的。

创新是件微妙的事，创新通常都是由少部分人的洞察力、才华和彼此之间的交流而产生的。

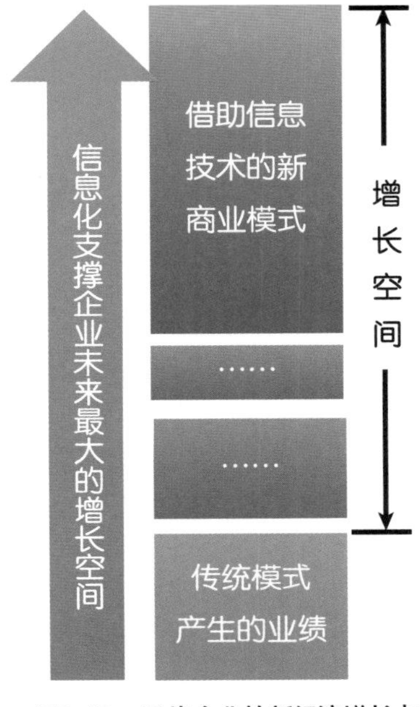

图2-12　寻找企业的新经济增长点

为商业需求提供信息技术解决方案和支撑是一个巨大的潜在市场，运营商在这方面具有得天独厚的优势，可以为企业发展设计新型的商业模式。

企业正确选择高速增长的战略理念

为什么一些公司能够保持效益和利润的高速增长，而别的公司却不行呢？两位来自欧洲工商管理学院的教授，花了5年时间研究了全球30多家公司。他们发现，高速增长公司与他们不太成功的竞争对手之间的区别是各自对于战略的设想不同。

不太成功的公司所依照的是传统逻辑。

高速增长的公司依循的是价值创新逻辑。

图2-13　企业需要基于信息化的新逻辑

许多公司认可由自己的竞争对手创建起有关战略思想的参照体系。而真正的价值创新者不把他们的对手作为基准点。

与传统战略关注客户之间的差异化相比，价值创新者更注重寻求商业和客户的规律，并由此找到商业中的真正规律。

与那些试图通过现有的资产和能力寻求机会的企业相比，价值创新者会问，如果我们重新开始，该如何做？

如何让新的、创新性的想法进到脑海里，从来不成问题，关键是如何把老旧的想法赶出去才是问题。

——迪伊・霍克（Visa卡创立者）

信息技术下的企业战略

战略论大致可以分为以下两种：以哈佛商学院迈克尔·波特为代表的"战略五力模型"和以密歇根大学商学院教授普拉哈拉德与伦敦商学院客座教授哈默尔为代表的"核心竞争力理论"。

所有战略观点的形成都有其特定的历史背景与环境条件，需要在相对稳定和确定的情况下产生作用，然而许多人一味地信奉战略，只知道工具和原理，却不能有效地与自己的实际情况结合起来，不了解战略制定和实施的特定环境与关键点，这样必然会导致在错误的前提下制定错误的战略和实施计划，这将是企业面临的最大危机和风险所在。

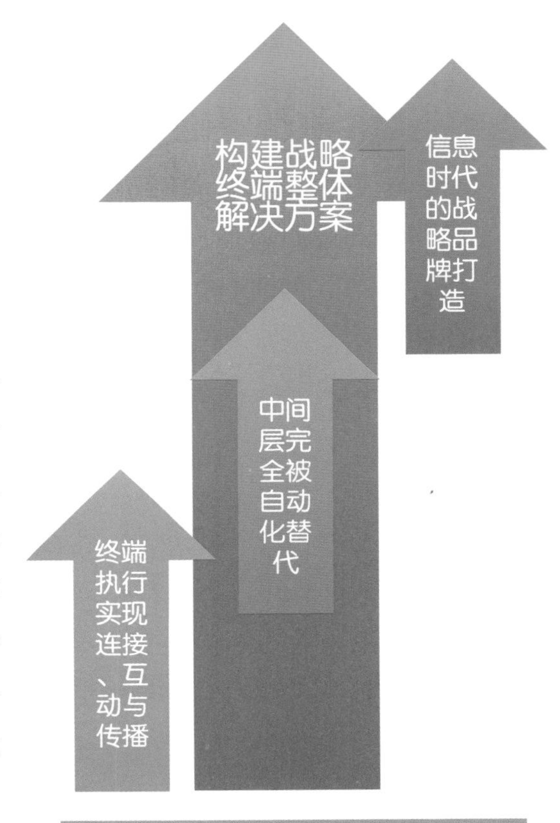

图2-14 信息化支撑全局执行力

因此企业需要在充分了解了特定环境的条件下，考虑到商业环境的发展和演变过程，思考可能出现的机遇与危机，运用恰当的策略与模式，制定持续解决过去、现在和将来问题的系统方法论。

完美的竞争战略是创造出企业的独特性——让它在这一行业内无法被复制。不要把竞争看做是争夺第一的竞争，而是通过竞争变得与众不同，更独特。

——迈克尔·波特（竞争战略之父）

构建战略终端促进企业信息化战略升级

战略做出系统而全面的市场规划，战术分解战略意思，根据战略做出具体的、市场可执行的一连串动作，而终端是实现战略与战术的最终战场。

战略是指指导战争全局的计划和策略，泛指指导或决定全局的策略。战略的基本含义始终都是关于全局性、未来性、根本性的重大决策。

终端是借助某种方式连接到系统中去的设备或单位，可以向主系统发送信息，也可以接受和执行主系统的信息及指令。拥有了强有力的信息化手段，才有施展战略与战术意图的根据地，战略的最终目的是为了掌握终端。

终端是每个企业的必争之地，谁掌握了终端，掌握了可控的终端，谁就是市场的大赢家！

战略终端的创新机制包括以下几方面。

- 价值链的连接、分割、重整、组合与传播。
- 不断创新，特别是合作式创新。
- 从互动中汲取更多客户价值。
- 创新借助新技术对客户的教育和传播。

构建战略终端[①]的定义：它是系统思维模式和执行思维模式的结合，一方面基于战略高度思考用户体验和终端执行的细节，设计可以控制的执行；另一方面在所有的终端执行过程中，必须围绕战略意图而开展。

在实施过程中引入自动化的移动信息化技术系统替代人力，引导用户完成自动化无人值守的商业全过程，最终获得终端的盈利和可持续成长。

构建战略终端体系，将为以移动互联网为中心的商业变革提出重要的发展和指导理论体系。

---

① “构建战略终端”中的“终端”不是运营商特指的手机终端，而是指执行力的最小单位，可以理解为店、人、电脑、媒介和手机终端等一切与最终用户接触的点。

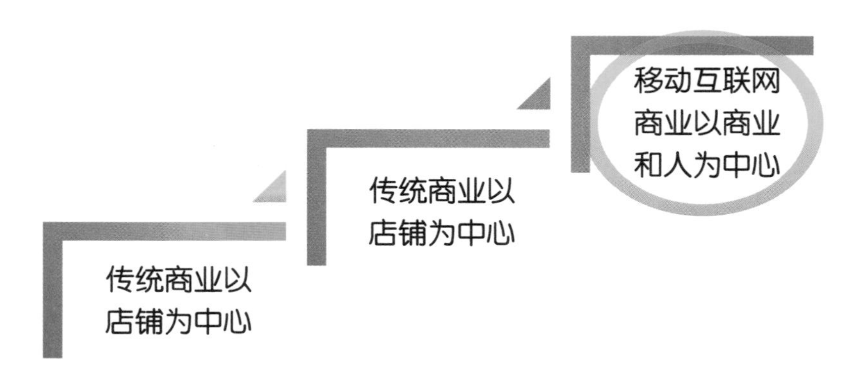

图2-15 商业中心的变化趋势最终将是借助信息化实现人与品牌合一

移动信息化产品和服务的巨大商业价值

设计商业和群众喜欢配合和容易接受的移动信息化产品，才能够实现信息化商业价值。

商业将是推进移动信息化发展的最大源动力，两者将相互促进和发展。

图2-16 移动信息化产品和服务的巨大价值

构建战略终端是全新的信息化商业经营思维

构建战略终端是全新的信息化商业经营思维，强调用移动信息化技术支撑从战略到终端的执行力，通过提供信息化系统、策略、方法、模式、工具的产品，搭建企业以最低的成本、最简单的方式，进入一个正确的持续进步和循环积累过程。

在实施的过程中，应充分考虑商业实现的各个环节中的细节，使每个营销活动都实现信息化，并以传播带动企业的盈利和持续盈利。

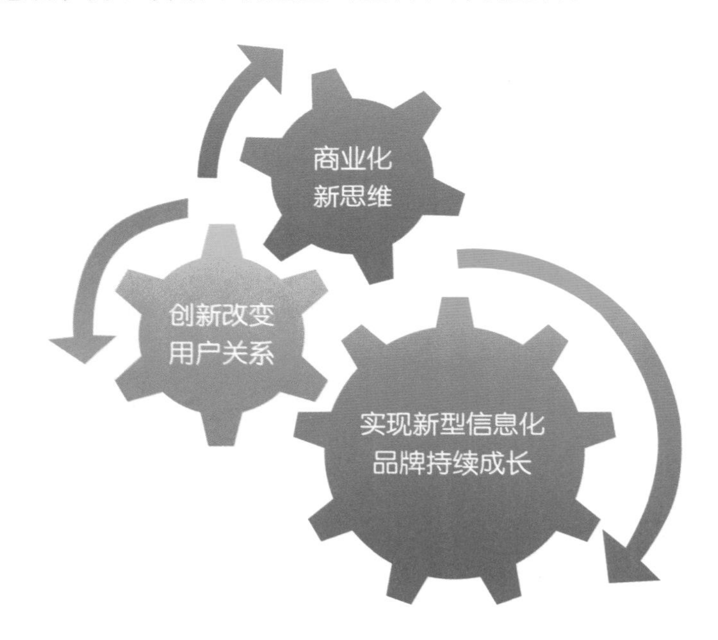

图2–17 构建战略终端是全新的信息化商业经营思维驱动模式

构建战略终端因此会成为未来商业中最具实施能力和竞争能力的策略方法论，这套方法适用于任何商业、企业、终端，甚至想成为品牌的个人。

- 企业的信息化模式中，可复制和扩展的模式是发展的关键所在。
- 构建战略终端的思想能帮助企业掌握正确的借助移动信息化发展的实施方法，使企业的理念、思想、文化、价值观、品牌等，在任何商业环境中都被正确地营造和体现。

- 构建战略终端是通过比竞争对手更快、更好、更全面、更深入和更透彻地不断创新来建立基于信息化的品牌价值。

商业模式的创新与技术创新的结合，甚至可以使企业重新定义其所在领域的新含义，并且有机会成为所在行业的领袖，从而获得主导所在行业发展的机会。

商业借助移动信息化发展的主要机会

借助移动互联网实现企业发展是个系统工程，在这个产业中根本不缺少资金、没有技术障碍、更不缺少用户，真正缺少的是正确的商业模式和满足用户真正需求的服务；同时，不能把移动信息化仅仅看做一种技术，相对于互联网，它更难以理解和掌握，是一个高度复杂的系统工程，企业贸然进入这个领域成功的可能性几乎为零。

在实际应用方面，出于对信息安全的保障和对隐私的担忧，企业应该尽量避开这些敏感部分，如果能够找到解决这些问题的办法，同样也可能是企业的最佳切入点和商业机会。

传统企业进入移动互联网产业中的投资机会主要集中在：内容、动漫、游戏、应用软件、阅读、商业解决方案、细分行业解决方案（包括软件、服务和产品）、移动信息化培训（企业内部和面向渠道）、咨询、策划、新媒体广告等方面。

企业要想赢在移动互联网时代，需要在以下方面深入思考。

- 如何理解商业与信息化的关系，探寻移动信息化的商业价值。
- 移动信息化带给客户的价值和利益有多大。
- 如何以寻找移动信息化创新应用为市场突破口，实现广泛的应用。
- 如何以移动互联网与传统商业结合的新商业模式是什么，如何设计和实现用户与品牌的新型连接、互动和传播模式。

- 如何建立和开展基于信息化的营销、管理和服务模式。
- 如何引导客户通过信息技术与品牌主动建立连接，打破传统商业的瓶颈，创新传统行业。
- 如何通过移动信息化技术使自己与竞争对手差异化。

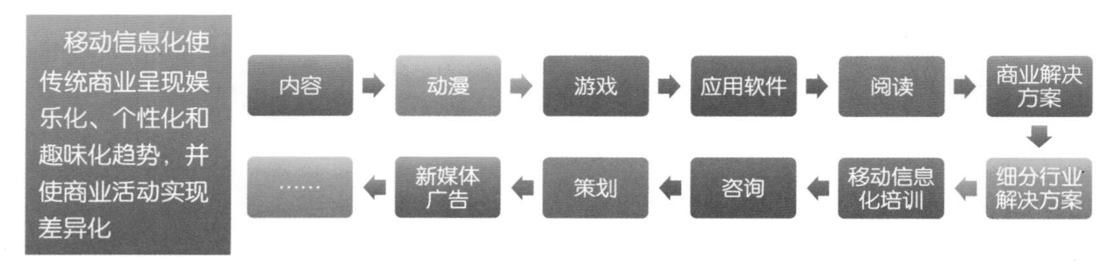

图2–18 商业借助移动信息化发展的主要机会

传统企业要思考企业的信息化问题

让我们先来思考一个问题。

五年后，没有采用移动信息技术的公司剩下的是什么？

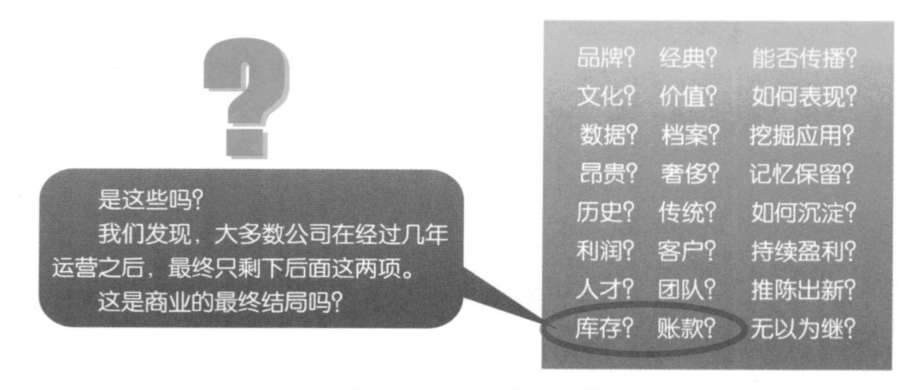

图2–19 没有采用移动信息技术的商业结局

没有任务一种商业智慧比客户更聪明，只有充分了解客户并且顺应客户，并且使用客户乐意接受的信息交互方式，品牌才能够获得快速成长。

真正的市场趋势来自于两种力量：第一是品牌对客户和对市场的引导，第二是客户对品牌发展的引导。

这是一个持续和发展的多元交互过程。

传统企业能否理解并融入移动信息时代的趋势，为自己的企业和品牌搭建基于移动信息化的新型商业模式，使商业活动逐步完全基于信息化模式，而实现商业的可持续性发展，这将是企业在今后和未来要思考并实践的最重要的问题。

本章思考和讨论

配合本章的内容请思考和讨论下列问题：

一、传统商业在信息化冲击下面临的主要挑战是什么?

二、商业客户在新型商业环境下的变化趋势主要有哪些?

三、传统商业主要面临哪些挑战?

四、经典营销理论为什么不能解决基于信息化发展的新型商业问题?

五、基于信息化的商业模式解决了哪些执行力问题?

六、信息化对于商业的促进主要表现在哪些方面?

七、如何借助信息技术促进商业经营的成功率?

八、口碑传播如何借助信息化手段获得最佳的商业价值?

九、信息化促进商业发展的速度与规模，主要表现在哪些方面?

十、信息技术如何形成商业的核心竞争力?

十一、构建战略终端的本质是什么?

十二、描述未使用信息化发展的企业未来。

十三、商业如何掌握移动互联网入口获得发展?

十四、商业的发展为什么离不开客户的力量?

十五、在信息化的进程之中，品牌与客户哪个更强?

十六、讨论企业采用移动信息化的利弊。

持续的信息化推动力，造就持续的企业成长力，借助信息化实现企业的“圈地运动”。

连接、互动与传播是移动信息化的关键，将帮助企业突破传统商业的瓶颈，实现腾飞。

第三章
信息技术重建商业圈地运动

信息化支撑企业的新“圈地运动”

企业需要在资源有限的情况下，快速获得最大的收益，通过系统的信息化支撑手段运营，提升市场占有率、品牌价值、销售利润和用户群体。

循规蹈矩的传统成长方式往往太慢，在执行过程中并不容易被准确执行到位，因此我们构思了一种新的市场扩展模式，称之为“圈地运动”。

- 在构造战略终端的过程中，并不需要具备所有发展条件，同样可以迅速做大做强，在传播品牌和迅速扩大市场份额时，迅速形成企业和品牌的核心竞争力。
- 相对于传统的矩型和圆型圈地模式，螺旋线圈地模式是最省力的，而且是最快的。
- 品牌的传播和盈利必须快捷而且有效，在优势和速度方面寻找最佳平衡点。

图3-1 螺旋线圈地模式

持续的信息化推动力，造就持续的企业成长力。

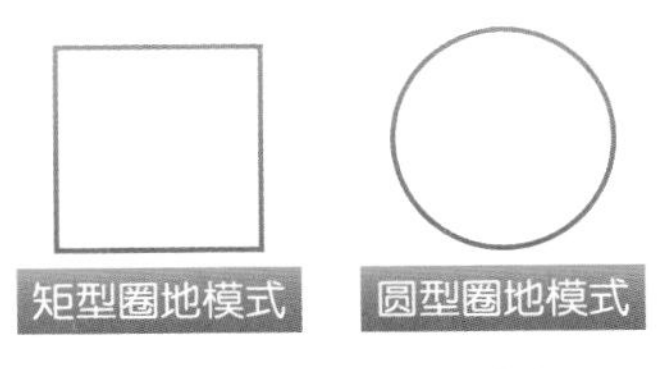

图3-2 传统圈地模式

传统的圈地模式以人为中心，强调人的执行能力，这种成功存在偶尔性，通常包括矩形和圆形两种方式，其形成速度很慢，一旦启动，大多数呈现不可控制的状态，发展也必然面临巨大的风险。

移动信息化支撑下的商业圈地模式特征是重量轻、空间大、硬度高、强度高、可扩张。

信息化实现企业和品牌的“快速圈地”目标

阿基米德螺旋是一个呈螺旋形的曲线，曲线上的点如同圆周上的点一样围绕一个固定中心点，但逐渐远离该中心点，直到无穷。

大约在2300年以前，古希腊时代最伟大的数学家阿基米德第一个发现了螺旋的能量和魔力。他在古代最出色的数学著作之一中解释了这种结构的特性，他的名字因此与两种螺旋永远连在了一起。

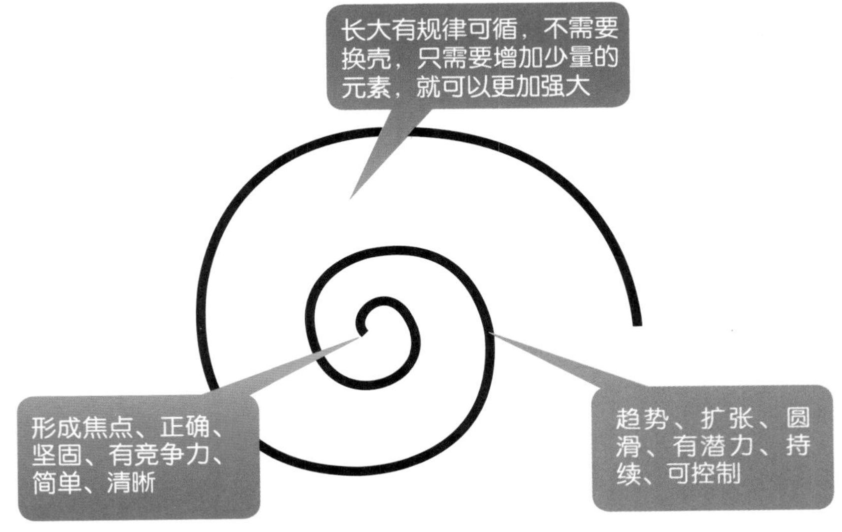

图3-3 阿基米德螺旋的启示

阿基米德螺旋能够用来解决一些长期存在的数学难题，但另一种螺旋却有更多的实用性。这种称做阿基米德螺旋泵的东西是一种围绕一支圆筒向上的结构。这种在技术上称做螺旋线的形状构成了著名的阿基米德升水泵（一种内装螺旋“线”的圆筒形汲水装置）的核心。这种水泵今天已得到广泛使用，而螺旋线则有了其他许多实际用途，包括钻头、螺栓和螺丝钉等。

阿基米德螺旋带给移动信息化与商业结合如下启示。

- 大自然创造的伟大奇迹，从点到线到面的伟大奇迹。
- 用最少的材料，构筑最坚固的结构和最大的空间。
- 范围越大，核心也变得越来越坚固。
- 成长不需要更换核心，只需沿外围持续扩展。
- 螺线的扩张使焦点更加清晰、更加突出。
- 当螺线足够长的时候，会引发社会对焦点的关注和更多的视线集中，当焦点被研究的时候，企业就获得了更多的成长空间与机会。
- 这是企业占领市场的“圈地运动”，比竞争对手更快、更稳定、更持久。

资源有限的公司在拓展市场时，只要掌握了正确的战略终端的思维、工具与方法，就能够找到最佳的品牌圈地模式，为品牌的成长寻找到最佳的策略与工具。

移动信息化是最佳的企业成长基因。

信息化圈地模式的思维突破

基于信息化的圈地模式是如何实现的呢？

- 企业要有自己的核心竞争力，也就是阿基米德螺线的心，包括品牌、技术、专利、信息、媒体、广告、产品、资源等 。
- 拥有正确的内部和外部传播与教育体系，可以在单位时间内通过执行和获得比别人拥有更多客户的能力。
- 移动信息化技术为自动处理客户的互动提供了快速的应对方法，并且帮助客户兑现期望的利益。

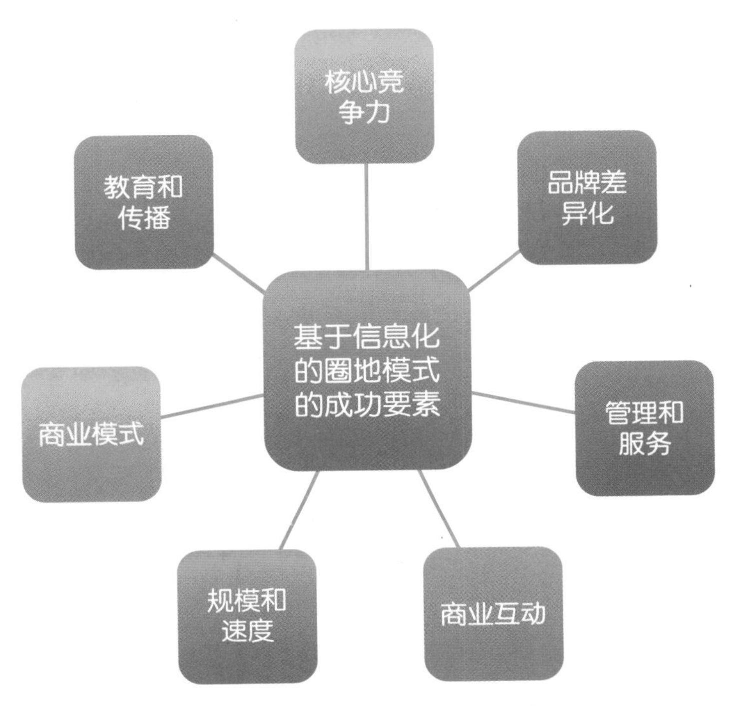

图3-4 企业圈地模式的成功要素

如果企业核心竞争力正沿着这条良性的曲线发展，那么企业就拥有了自己的品牌和空间，就能够有大量的商业机会了。客户在消费的时候第一个想到你的品牌，下次消费也第一个想到你的品牌，那么你的企业就成功了。

在研究过许多连锁机构的发展情况后，我们发现以下问题。

- 不成功的品牌一直在研究客户，其实他们不可能研究透彻。
- 即使真正明白，也不可能提供更好的应对方法。
- 最好的解决方案却要花更多的资金与精力。

构建战略终端体系,就是要让企业借助一种标准化的信息化导入和应用方式，实现企业与品牌的永续发展。

基于信息化的战略终端与组织结构无关

无论是何种组织结构的模式，都很难兼顾速度与规模，但是构建战略终端理论适用于任何类型的销售组织和机构。

面对中国市场的特殊性和不断变化，结合我们多年来对传统商业的研究和实践，也参考了互联网电子商务的优势和弊端，我们认为制约商业发展的瓶颈在于信息的传播与处理，如果解决了这两个问题，就能够全面降低营销和管理的难度，引导突破传统的人对人销售的瓶颈，最终实现品牌与客户的自动化互动，这样就能够使战略终端体系的执行更加简单、快捷和标准化。

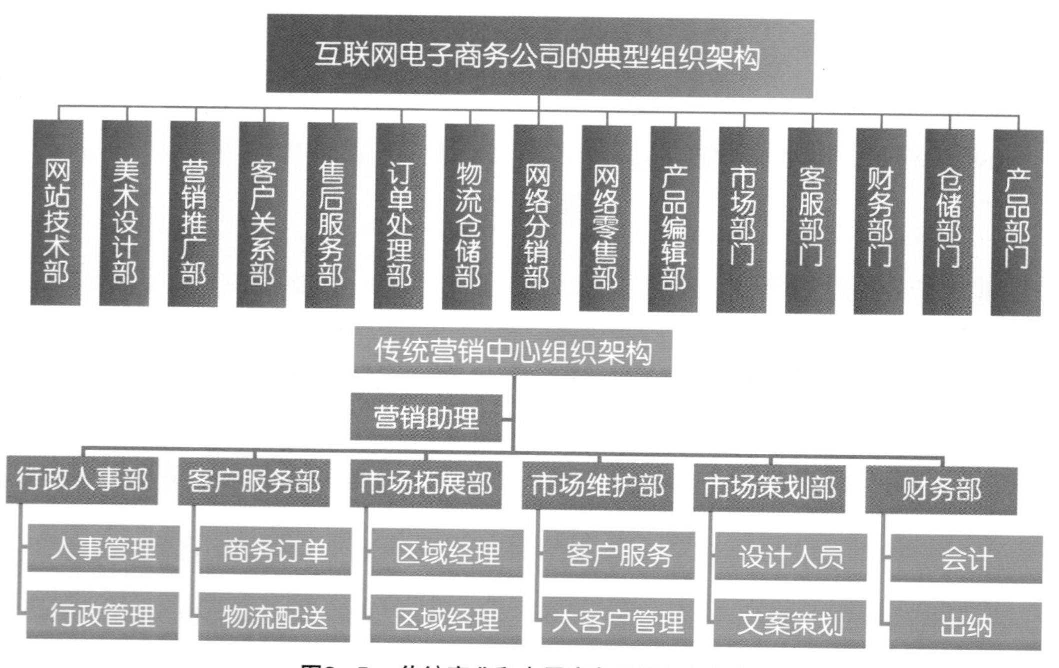

图3-5　传统商业和电子商务公司组织架构

传统商业应该这样思考和应用信息化。

- 从推进移动信息自动化教育开始，把移动信息化的理念、实践和解决方案渗透到产品传播、营销、沟通、交易、服务、管理、媒体等全过程。

- 为品牌成长提供正确的商业模式，解决公司把代理权和经营权等交给下游代理商，之后却无法也无力提供任何形式的支持，最后置下游的生死于不顾的尴尬状况。

企业最终将掌握为下游提供更多的支持与帮助的能力，从战略的高度解决终端的问题，在终端中实现战略意图，这样，信息化将真正帮助商业获得发展。

从图3-5中两种典型的组织架构来看，移动信息化的实施将保障企业真正在客户的自动化获取、管理、服务等方面为企业创造价值，最终将进一步用信息技术替代更多的人力。

移动信息化适应各行业差异，并且广泛应用

世界上没有完全相同的两个企业，那么如何以标准化的方式构建战略终端呢？虽然每个企业的目标都不相同，每个企业的行为也不相同，但至少在品牌传播和持续盈利方面的目标相同。因此，在真正理解了战略终端的前提条件下，注重从战略到终端的执行力，有助于改善企业的终端实践过程。

现代企业需要结合现状作彻底的分析，制定新的突破之道。

在充分分析自己企业的状况后，分短期和长期的需求，思考企业究竟采用哪种或者哪些营销概念。

- 短期的营销，以解决企业生存问题获得竞争优势，积累发展机会为目标。
- 长期的营销，以占据市场份额、实现客户互动、提高客户忠诚度、抵御竞争对手、保证市场份额持续提高为目标。

无论采用哪种营销战略，企业都要围绕两个目标：品牌传播的提升和持续盈利的提升。

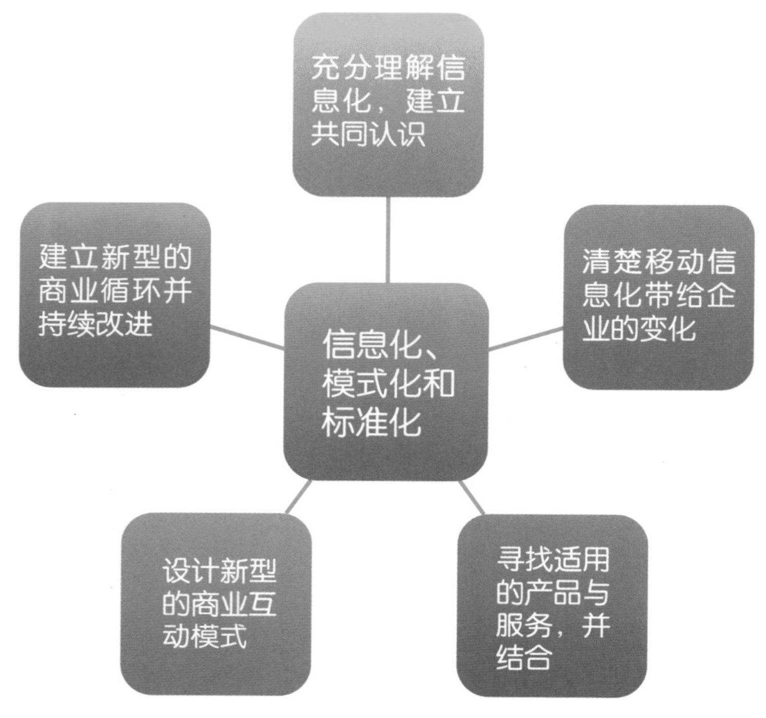

图3-6 基于信息化的战略终端具有广泛的适用性

战略终端理论的成立建立在透彻研究各行业品牌发展与终端营销实现的差异之上。

企业在商业竞争中面临的许多“硬障碍”，移动信息化产品和服务将全面突破。

从现在开始，培育未来的种子！

被动地等待未来被迫选择，还是主动地寻找未来的出路？乐观地做好准备，还是期望未来不会有更大的风险？

企业的成功必然是建立正确的思维模式，之后就是准确高效的执行力。

构建信息化战略终端的入门级测试

实现战略终端离我们有多远？我们先做一个简单测试：谁能用一句话讲清楚？

- 用一句话讲清楚自己。
- 用一句话讲清楚品牌。
- 用一句话讲清楚公司。
- 用一句话讲清楚产品。
- 用一句话讲清楚服务。
- 用一句话讲清楚行业。
- 用一句话讲清楚与竞争对手的主要差异。

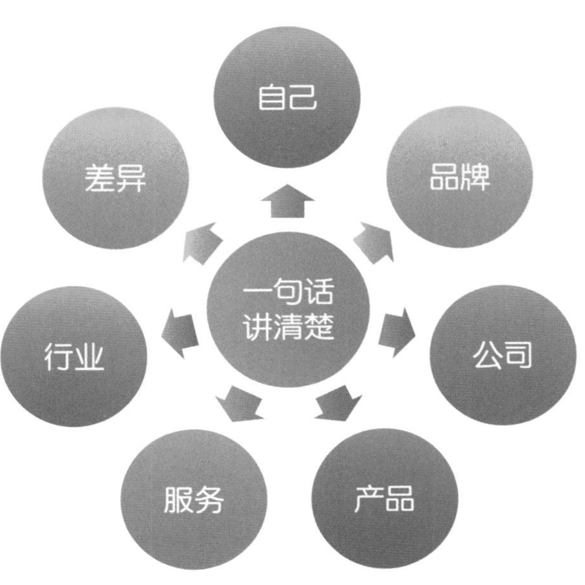

图3-7 尝试“用一句话讲清楚”

复杂是商业的天敌，而信息化将使商业变得简单。

从现实商业需求的角度来审视，我们会发现基于移动信息化的应用可以贯彻商业的全过程。

信息化产品简单，构建企业适用的商业模式却并不容易，但这确实能够解决商业的核心问题。

使用正确的信息化工具能够在渠道中实现最好的品牌传播，与客户开展互动。

基于信息化的商业活动越简单、越有趣，就越容易被更多的客户传播和参与其中。

借助移动信息化技术简化商业运营和营销全过程，使品牌摆脱中间流程直达客户，同时使客户以最简单和快捷的方式找到品牌。

之后，企业战略将以移动信息化为主线，开展一切经营活动。

复杂是商业营销、教育、品牌传播、应用和服务的天敌，基于移动信息化的商业应用将使商业活动简单、互动、快乐和有趣。

战略终端中的信息化“标签影像”

人们总是惊叹其他公司创造的奇迹，但要在中国市场中创造巨大的商业奇迹，必须使用正确的方法。

所有人（客户）都会以貌取人（品牌、店铺、文化、产品、服务等），客户也不例外，所有的细节都会在客户心目中综合产生一个感性认识，这些认识是客观存在的也就是所谓的“标签影像”。

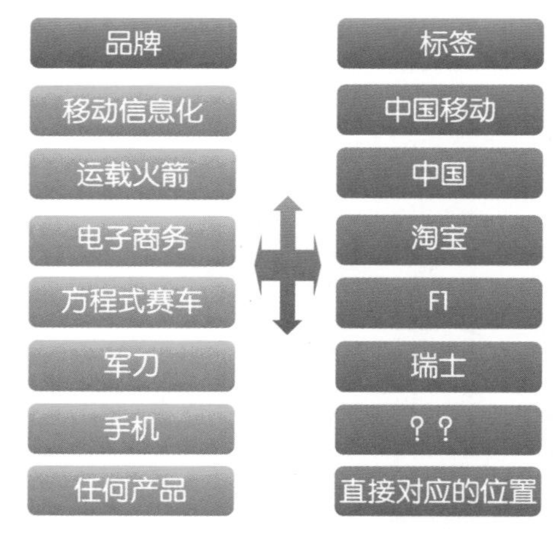

图3-8 标签效应助力商业品牌的形成过程

每一个企业，每一个品牌，每一件商品，每一个人，都需要一个标准的信息化传播平台，那么试着思考：能否各自用一个词形容企业的市场地位、企业、品牌、商品、价值、思维和销售人员？

当可以做到用标签定义自己的时候，一定会在客户群体中产生强大的影响力和口碑效应。

然而在现实世界中，我们往往看到许多企业不断地变换策略、品牌、定位、方法、产品、价格，甚至转行、盲目多元化经营等，每次改变，都对战略终端的传播产生巨大的影响。

商业活动的每一件工作都是在创造战略终端中的“标签影像”。

企业的成长需要积累，需要对标签的不断强化，用所有正确的传播去强化这个标签。

一旦某个品牌开始在客户心目中成为拥有一个对等的词汇标签的时候，代表商业的“圈地运动”便获得大量的忠诚客户，并且这些客户还将带来更多的传播和新客户，这种策略能够帮助品牌取得真正的市场领导地位。

每个企业在客户心中都有一个影像，只有移动信息化技术才能够更快地加速传播和吸引用户完成互动过程。企业想要做大，就需要实现这个目标。

信息化经济时代的品牌与客户驱动模式

信息化经济时代来临，企业要突破行业惯例，跳出思维的限制。

- 纵观古今中外的商业，只有标新立异的思维，才能够给客户提供让他惊喜和钟情的元素，并让客户融入其中。
- 战略终端给你创新的思维和工具，让企业的成长和扩张梦想迅速实现。

产品、促销、品牌对于客户的驱动正逐渐失灵，客户价值的实现、互动型品牌体验和商业娱乐化才是信息化经济时代的驱动力，传统的一厢情愿的做法已经无法跟上客户飞速前行的脚步，新的商业模式正在形成。

- 用户不仅消费产品，他们通过与品牌的深入互动，成为创造产品和升级服务的“生产兼客户”。
- 品牌与客户的深入合作，使品牌生命力得到最大延伸，同时形成更多的个性化群体与组合。
- 以客户和梦想为驱动的价值体系将迅速改变商业。

但是，商业需要不断创造新的品牌驱动模式，如果你所在的行业内还没有最优秀的、借助移动信息技术发展商业的模式，恭喜你，就是你了！

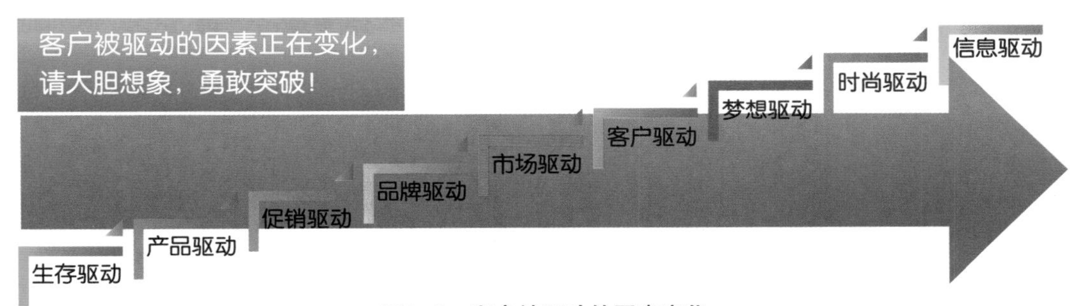

图3-9　客户被驱动的因素变化

不同时代的商业环境下，客户有不同的驱动方式，随着信息化经济时代的发展，客户正被梦想和时尚驱动，而基于移动互联网的移动信息化技术和应用正是帮助这些客户的最佳工具。

战略终端“不竞争”，却能够赢得竞争

传统的商业行为总是那么“盲从”，商业决策往往是因为竞争而被动导致的，这样的决策根本没有解决企业的问题，更无法突破长久以来影响发展的瓶颈。

在激烈竞争的商业社会中，不竞争是不可能的，但企业的注意力并不能完全放在竞争对手身上，更重要的是做好自己应该做的事，一个企业通常呈现出两个方面的形象。

- 外在的：客户能够“以貌取人”的部分，决定了是否了解或者购买。
- 内在的：员工能够感知的部分和管理者能够感知的部分，决定了对企业决策的认同。

中国市场的消费潜力巨大，然而我们发现许多企业形象一直在变化，在某一个阶段总是正确的，而较长时间来看，却是错误的，产生这种问题的关键其实在于以下方面。

- 企业制定决策时，从战略到终端的视角不同。
- 企业从战略到终端的控制能力不同。
- 解决从战略到终端问题的能力有限。

成熟的企业，必须从能够快速撬动整体市场的点来启动和激活市场，快速形成传播点，让每一个环节都快速传播，形成涟漪效应。

- 战略终端之间的组合、联动、配合和共享，能够使整个系统获得源源不断的巨大效益。
- 战略终端是个开放的系统，需要持续不断的进步与提升。
- 战略终端并不可能在第一次就构建得非常完美，需要从战略到终端的全体参与者共同建设。

竞争和环境
思想和意识
理念和趋势
战略和变革

图3-10 决定企业行为的主要因素

每个行业、每个企业、每个品牌、每个销售公司、每个店、每个人、每时每刻、每一次传播与每一单业务的交易都是构筑品牌大厦的基础。

基于移动信息化的战略终端通过不竞争的方式赢得竞争，是因为率先采用信息化模式的公司选择差异于其他公司的商业运营模式而取得成功。

移动信息化把复杂的商业问题简单化

构建基于移动信息化的战略终端，需要清楚地了解自己的资源，确定自己公司的优势，发现行业现在和将来的机会，结合各种变动和不变动的因素作出综合判断。

发现商业的复杂变化，从复杂的现象中寻找到规律，解决企业综合问题必然有一条主线，围绕主线的变化则可以丰富多彩。

信息化时代，如何整合，如何创造，如何玩，你和客户决定！

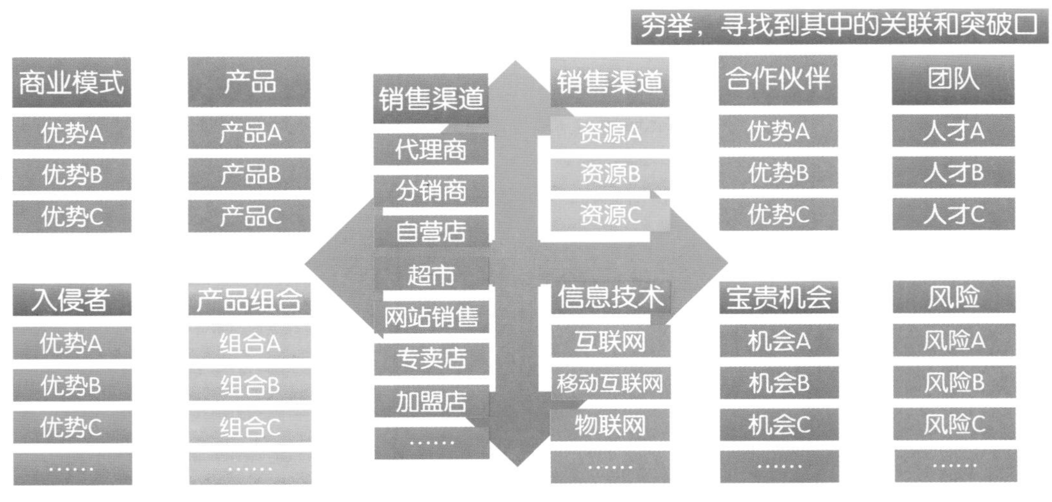

图3-11 借助移动信息化技术才能实现行业信息化目标

故事：迪士尼创新策略打造动态平衡

沃特·迪士尼被喻为创意天才，他能够凭借丰富的想象力创造出各种卡通人物，全世界很多国家和地区都建有迪士尼乐园，这种非凡成就绝不简单。

迪士尼在工作过程中采用了非同寻常的头脑使用策略，这是用于开发梦想以及为让梦想变成现实提供最大可能性的一种策略。

每当迪士尼团队产生一种创意的时候，沃特·迪士尼就会扮演三个不同的角色：梦想家、实干者和批评者。

梦想家：特质创作力丰富，天马行空，创意无限，没有限制，任何事情均有可能，想象未来梦想的画面。

实干者：执行梦想家的主意，排除万难，谋求效果。

批评者：考虑到现实的条件及各方面的顾虑，控制事情避免出错。

这三者的综合交互，使创造和设想达到最大限度的清晰效果。

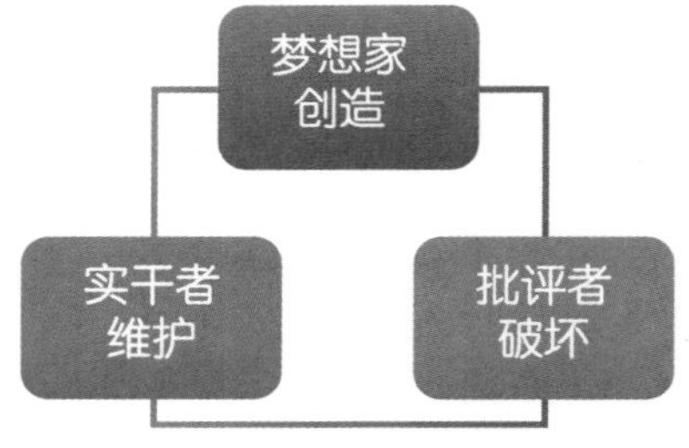

图3-12　三种角色的创新模式

要达到这种效果，还要有意识地培养工作团队，团队中的每一个人都“专攻”这些不同的角色，并刻意在这三种角色之间相互进行转换，或者让其他人来分别扮演不同的角色。

这个世界上永远都有这三种人存在，只有不断地否定、创新和维护才能够促进发展和创造新的繁荣。

企业需要持续地进入动态平衡过程，任何僵化的机制迟早都会成为阻碍企业发展的障碍，因此企业要建立动态平衡机制，人为地建设性创造，人为地从各种角度思考可能的危机，同时需要维护系统的动态运转。

- 创造、维护、破坏，是企业长期持续发展的动力。
- 从市场的角度看待动态平衡，有助于对外界保持足够高的敏感。

没有一成不变的策略，也没有一成不变的战术，企业真正的推动力来自于符合社会潮流的内部与外部的双重结合，企业管理者需要找到构建基于移动信息化的战略与终端的平衡点。

连接、互动和传播是移动信息化的灵魂

看到商业的全貌，突破才有新天地。

战略终端的构建必须包括战略和执行，只有战略，没有执行、细节、战术、阶段、进展和过程，战略会全部失败。成功或失败的经验没有积累或分享，企业没有沉淀自己的知识，所有最终的成功都存在偶然。

准确地在终端执行，实现战略意图，并在终端中不断改进和适应，创造正确的实用战术。不断根据终端实施，验证和修正战略思想，找到可复制和传播的标准化模式。

移动互联网与互联网及传统商业的不同点在于它特有的三点优势：连接、互动和传播。

连接：建立从产品价值中心到客户价值中心的连接，缩短层级，实现更快的响应速度和提升流通频率。

互动：以互动为主线，实现两种更低成本的自动化互动，即人与人的互动；解决品牌与客户及潜在客户的互动。

传播：传播与盈利的关系密不可分，特别是多层级的内部和外部传播是制约企业持续盈利的瓶颈。

因此如何正确深入地理解基于移动信息化技术的商业价值，并且将移动信息化技术切实应用到商业运作的全过程之中，这是企业需要思考的最重要的问题之一。

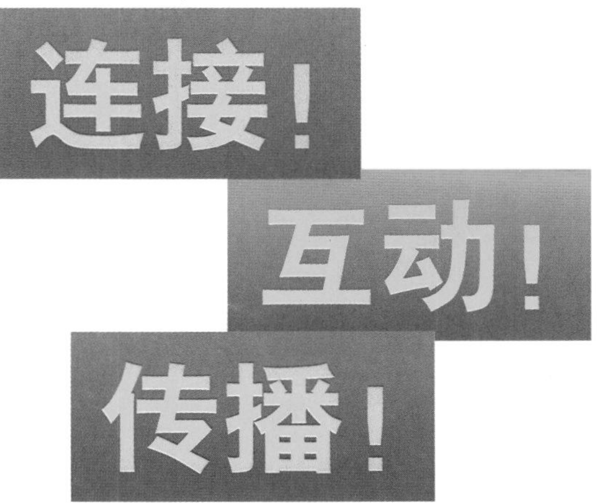

图3–13　连接、互动和传播是移动信息化的灵魂

连接　建立多种连接，锁定品牌与客户

从产品价值平台到客户价值平台的连接

客户永远比我们进步得更快！

更有教养，永远理性，充满知识，更有智慧，更加苛刻，变化多端，并且极度挑剔。客户的进步，有着我们始料未及的速度和方面。更多的客户倾向于消费高价值产品，因为认同产品价值，他们愿意为此支付更多的价钱，而且津津乐道。

对于企业战略而言，正确的经营模式不是尽量少地调整产品，而是尽量多地优化生产和销售方法。相对于产品，不断优化商业化策略与方法才是最重要的。

战略终端是实现企业战略目标的重要手段、方法和实践，以建立从产品价值中心到客户价值中心的连接为主要工作，通过多种商业信息化技术连接这两个中心。

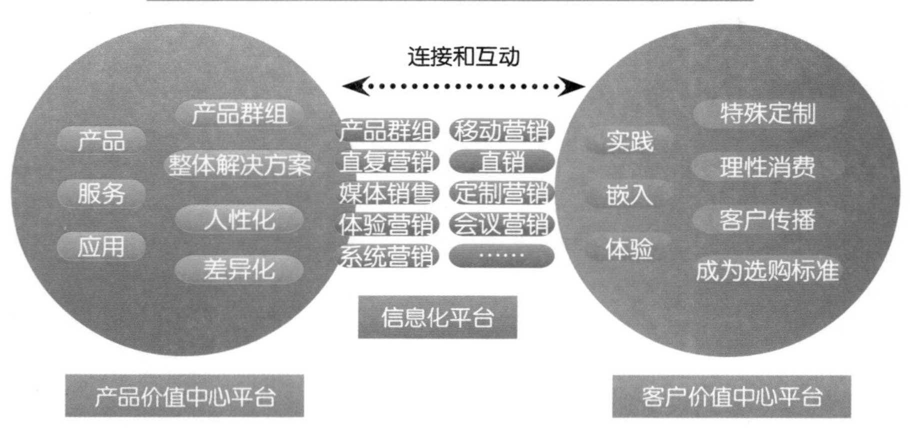

图3-14　企业可持续发展的双价值平台连接模式

企业的战略意图由一系列的市场计划与行动组成，而产品价值平台与客户价值平台的连接是得以实现企业发展的核心所在，品牌的发展离不开产品价值与客户价值的实现。

- 成功的商业首先是为品牌找到正确的传播之源，其次才能保证企业获得持续的利润源泉。
- 理解和运用正确的信息化模式，就可以获得客户持续传播的动力和乐趣。
- 在建立双价值平台时，最需要注重对价值传递过程的持续维护与提升。

市场行为是企业战略的实践，在传播品牌的过程中实现持续盈利的目标。

企业的发展取决于获得持续成长机会的能力，这种能力在未来将主要是信息化能力。

信息不对称造成无法连接

信息不对称理论是由三位美国经济学家——约瑟夫·斯蒂格利茨、乔治·阿克尔洛夫和迈克尔·斯彭斯提出的，该理论包括以下内容。

- 市场中，卖方比买方更了解有关商品的各种信息。
- 掌握更多信息的一方可以通过向信息贫乏的一方传递可靠信息而在市场中获益。
- 买卖双方中拥有信息较少的一方会努力从另一方获取信息。

1996年，经济学家米尔利斯和维克里因研究信息对称理论而获得诺贝尔奖；2001年，瑞典皇家科学院又将诺奖桂冠戴在了研究信息对称理论的经济学家阿克洛夫等人身上。

信息对称理论包括两个内容。

- 在市场条件下，要实现公平交易，交易双方掌握的信息必须对称。
- 倘若一方掌握的信息多，另一方掌握的信息少，二者不“对称”，交易就做不成；或者即使做成了，也很可能是不公平交易。

信息不对称造成了商业经营在一定程度上的不公平，这一理论为很多市场现象如股市沉浮、就业与失业、信贷配给、商品促销、商品的市场占有等提供了解释并成为现代信息化经济学的核心，被广泛应用到从传统的农产品市场到现代金融市场等各个领域。

构建战略终端具备强大的整合能力，这种能力可以在资源有限的情况下，实现多赢的目标。

- 建立企业自己的战略模型，使未来与现在的发展对接起来，形成自己的发展思路。
- 从对方资源的角度入手，迅速发现资源整合的切入点，找到共性，快速整合。
- 注重通过展示预期来吸引其他资源加入战略之中，构造符合对方需要的远景。
- 不断优化与调整战略资源，实现从产品价值平台到客户价值平台之间的连接。

构建战略终端体系，将通过使诸多因素的连接来实现信息对称，减少传统企业在执行过程中的偏差和损耗。

- 基于信息技术构建战略，使传统依靠人与人传播和实施的系统，转变为依靠信息技术来解决问题，大幅度提升效率和降低商业风险。
- 使用信息对称理论，使品牌与客户的距离几乎为零，这其中将存在巨大的商业机会。

互联网的商业模式无法直接移植到移动互联网领域，而移动信息化的商业应用填平了战略和终端之间的鸿沟。

传统营销模式无法逾越的瓶颈

商业发展有瓶颈，表现在财务上就是销售额过低，表现在现象上就是成交率过低。

有太多的东西要去销售，也有太多的客户需要整合，可是销售人员自身的处理能力又是有限的。

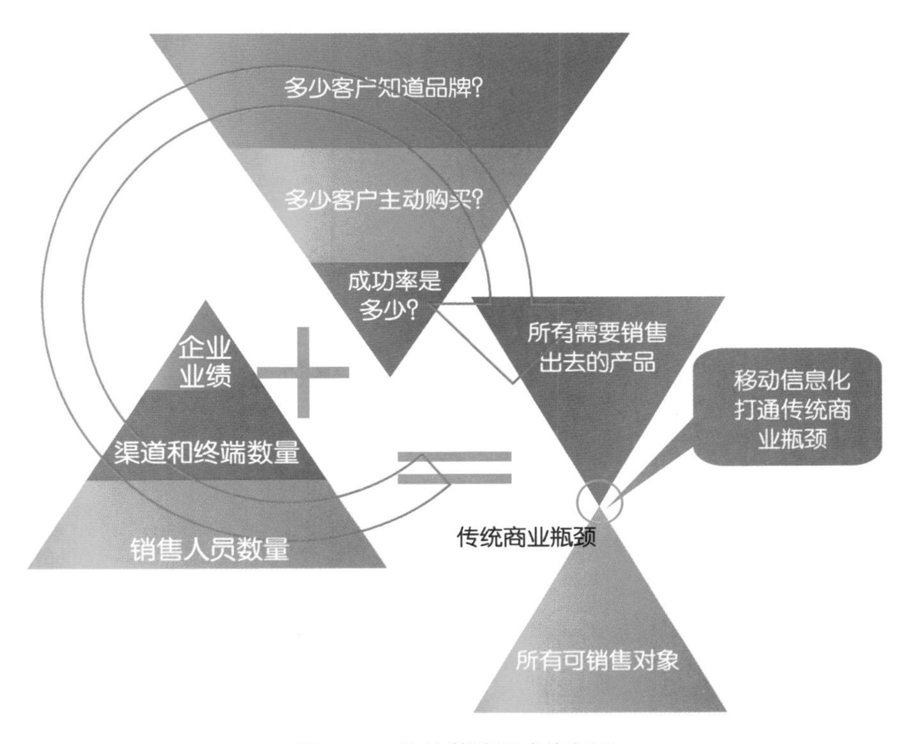

图3-15 传统营销模式的瓶颈

营销过程中，终端的连接点、信息传播效率和处理能力决定了最终经营业绩的实现。而以下这些能力是促进营销实现的关键能力。

- 品牌传播能力。
- 客户吸引能力。
- 信息处理能力。
- 恰当服务能力。
- 教育客户能力。
- 吸引重复消费能力。
- 客户间传播能力。

这些能力的不足制约了企业的盈利能力，也限制了企业的发展。

商业中通常面临多层级传播困境，可能会产生问题的主要原因有以下几点。

- 企业没有规范化和标准化的传播模板。
- 传播方式不正确，或者传播效率低。
- 过份依赖人与人实现传播。
- 缺乏信息化的管理与控制手段。

以人员为主导的商业实际的业务处理能力成为阻碍企业实现利润增长的瓶颈!

品牌差异化的能力就是品牌的传播之源

在硬件方面，每个有实力的企业都有能力投资，可是软件（文化、创意、理念、品牌、专利、模式、人才、价值等）却无法得到同步提升，这些方面的不足使得品牌差异化不足，并最终导致价格竞争成为焦点。

从全局的观念重新审视企业、产品、市场、客户、销售过程，重新塑造企业的差异化优势，才能彻底摆脱同质化。

因此，企业发展的前提是塑造自己的传播焦点，从起点开始定义好品牌。

企业的核心竞争力形成的过程，是对战略和资源重新调整的过程，引入信息化的目的在于使所有资源形成合力。

企业的圈地运动：起点是正确的定义，实施是清晰的规则，结果是可控的持续成长空间。

企业在使用移动信息化的综合策划方面的能力显得尤为重要。

从锁定客户，到被客户锁定

客户对品牌和产品的持续狂热就是忠诚度，是企业和品牌真正值得炫耀和自信的资本。

我们在对客户进行的调研中发现，客户在购买时考虑的最重要的因素包括以下几点。

- 购买的便利性和习惯。
- 能够获得什么样的利益。

- 是否满足了情感及其他需求。
- 参与感和乐趣。

因此，寻找自己公司适用的信息化“圈地”模式，从一开始就建立自己所在行业的规模和速度优势，以品牌锁定客户及客户锁定品牌为战略基点，才是为企业提供持续性的更有竞争力的传播和成长方式。

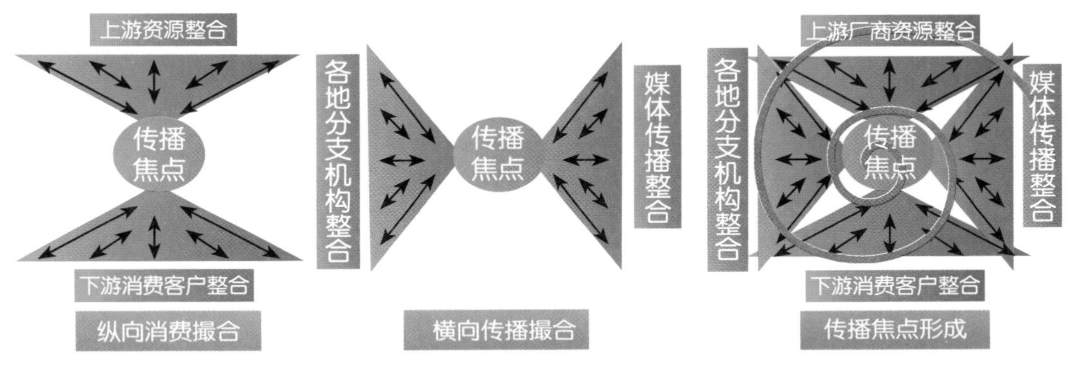

图3-16　信息化能力是实现企业发展的软实力

销售实现，绝不是因为商家想卖，而一定是因为客户想买，因此客户是购买的关键点，没有基于移动信息化并且以客户为主导互动的商业，在未来都将是失败的商业。

在这个角度下思考，企业就能够摆脱传统的对客户资源和品牌的透支行为。找到了品牌成长的关键点，就能够建立和进入实现盈利及持续盈利的良性生态循环。

图3-17　移动信息化为商业和客户的想象力插上翅膀

互动

从被动到主动，再到互动

商业需要互动

传统商业的运营总是基于人与人的联系、协作和沟通才能够实现销售目标，然而人与人沟通效率的不确定性和不稳定性，使经营过程中存在巨大风险。

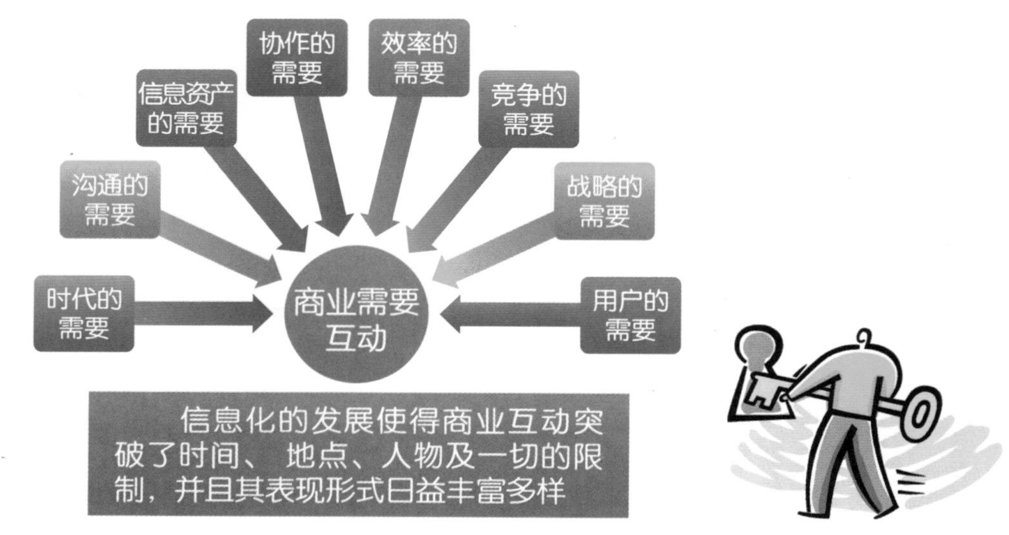

图3-18 商业需要互动

现实中，一家企业里具备超强沟通和销售能力的人员所占比例通常非常少。同时，企业的核心信息和知识往往都掌握在这少部分人手中，一旦这些人员流动，核心信息和知识往往随之离开而消失。

并且，借助移动信息化的工具和平台，大型企业日趋大范围地以来各种解决方案及服务，促进用户以移动信息化的方式参与商业活动，解放了人力大型公司对大范围内的解决方案以及服务的日趋依赖。

企业通常把有形资产品种看做主要资产，随着信息时代的到来，信息作为一种资产也逐步被更多的人接受。而在未来，互动将成为比资本和信息价值更高的企业资产，同时也是企业中最复杂和最难管理的资产。

在新型商业关系中，互动是企业最核心的部分，企业将会更多地采用商业互动技术，持续推动生产力，增强企业的持续盈利能力。

使用系统与人的互动替代传统的人与人的互动，将大大降低互动成本，提高互动效率，减少互动中不稳定因素的影响，同时能够针对个性化客户提供个性化优质体验服务。互动的最高境界是让客户接受并喜欢这样的互动，并且养成互动的习惯。

许多公司拥有长期的信息技术战略，他们认为信息技术是企业的核心能力。这也使其拥有了极高的市场发展能力，找到将先进技术转化为持久战略领先地位的途径，这才是真正的商业价值所在。因此，基于企业角度思考的知识、信息、协作、流程、模式变得更为重要。

互动是提升商业经营能力的核心要素

由SAP公司赞助的一项研究结果表明：商业模式的创新比产品的创新更重要。

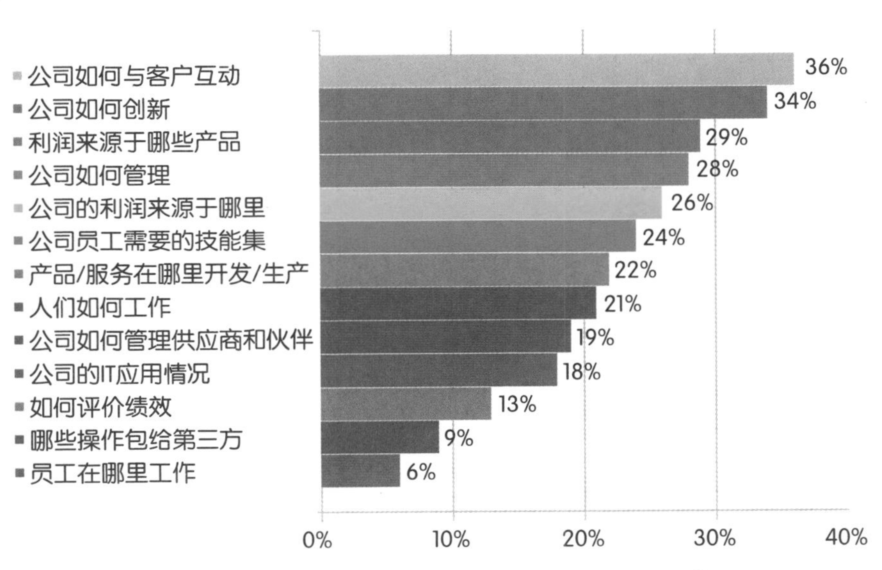

图3-19 未来5年企业商业模式中最重要的因素[①]

① 引用自：机械工业出版社《2010商业模式》。

图3-19中的数据是经济学人智库对欧洲、亚洲和美国众多公司中的3700名董事会成员和高层经理进行访谈时，这些高层列出的2005—2010年间与商业模式相关联的最大挑战。

5年过去了，公司与客户互动及公司如何创新仍然是需要不断创新和解决的重要问题。

战略终端以互动为主线，解决商业核心问题

现代复杂的商业竞争不再像中世纪的武士决斗，而更像现代的互动型网络3D电子游戏，新的规则、角色和场景不断出现，并被许多公司充分演绎，在竞争过程中充满了更多的变数和不确定因素。

商业持续成功的关键应该是品牌与客户持续互动的能力，就像互联网公司对客户资源的争夺一样，商业借助移动互联网的力量同样需要建立在高效率和低成本的基础之上。

在传统的一对一的商业互动中，销售人员与客户选择在什么时候互动，采取主动还是被动的方式，以什么问题和角度进行互动，这些取决于多种因素：印象、口碑、感觉、礼貌、理念、策略、方法、角度、设计、时机、计划等。

在传统商业互动中，对这些因素的掌握显得非常困难，因为不可能通过专业的培训使所有面向客户的销售人员都做到标准和一致，即使做到，也难免因为店员和客户的情绪和能力等，出现不确定的局面。因此，许多销售人员在经过一段时间的尝试和探索之后，仍然选择了以下两种行为。

- 推销：很想把产品推向客户，并期望客户接受，从而客户接踵而来。
- 被动：在客户附近徘徊，希望寻找机会，或等待客户主动提出要求。

图3-20　战略终端设计的互动机制

战略终端体系可以解决互动问题，并且设计了两种不同的相互结合的互动机制，即基于销售

人员与客户的互动和基于品牌与客户的互动。

商业从传统互动（一对一和一对多面对面接触）到移动信息化互动（系统与客户接触）的转变，将是支撑商业腾飞的关键过程。

基于传统方式的客户与品牌互动存在极大风险，而基于移动信息化的商业互动则降低了商业风险，提高了互动效率和品牌收益。

商业中客户互动的成本对比

传统销售的成功率，完全要看销售人员与客户互动的品质而定。想要找到很多能够做高品质互动的销售人员，在现实中几乎是不可能的！

因此，我们最关注的问题是：信息自动化水平越高，客户的互动成本就应该越低。

图3-21中，采用专家团队面对面销售及业务人员面对面销售的方式，实际发生的各项成本可能会比其他的高出10倍以上。

同时，移动信息化在营销中的应用，也可以使广告费的投入变成投资，甚至获得数倍于广告和宣传投入的回报。

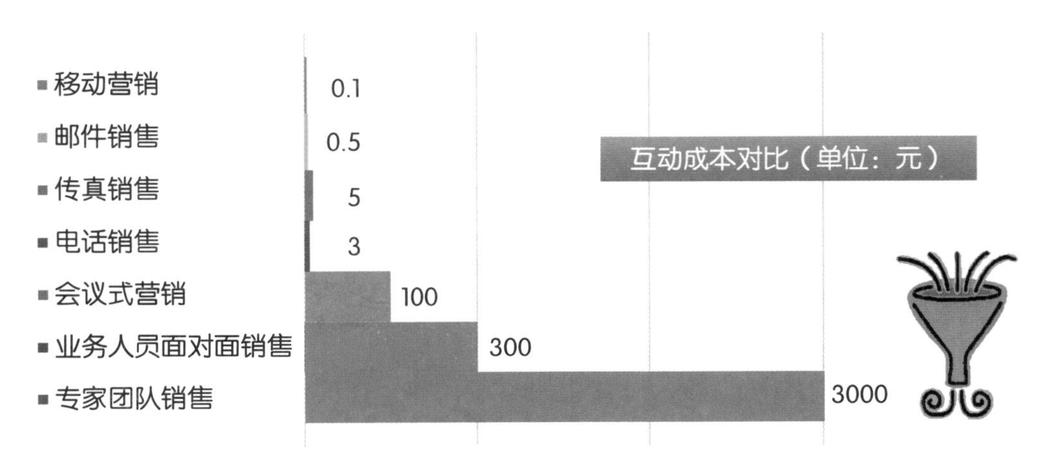

图3-21　信息自动化水平越高，商业的互动成本就应该越低

传播

正确的传播带来持续盈利

从有声传播到无声传播，再到自动贸易

在信息商业时代，中国移动将借助于完全不同于以往的商业手段和方法，为企业的传播和贸易带来全新的工具，让企业的理想、战略、营销、目标都从最基础及最关键的地方开始，这个地方就是：所有与用户接触的点！

可以看到，单纯依靠人与人沟通才能实现销售业绩的公司在发展潜力方面必然受到重重障碍，从有声传播到无声传播再到自动贸易，这将使传统的商业产生巨大的变革。

然而在传统的行业中，这种无声的自动贸易缺乏必要的支持手段和方法，商家对这种模式有需求，却很难找到与之对应的策略、方法、手段、工具和切入点。

中国移动为这种市场需求提供了丰富的解决方案。

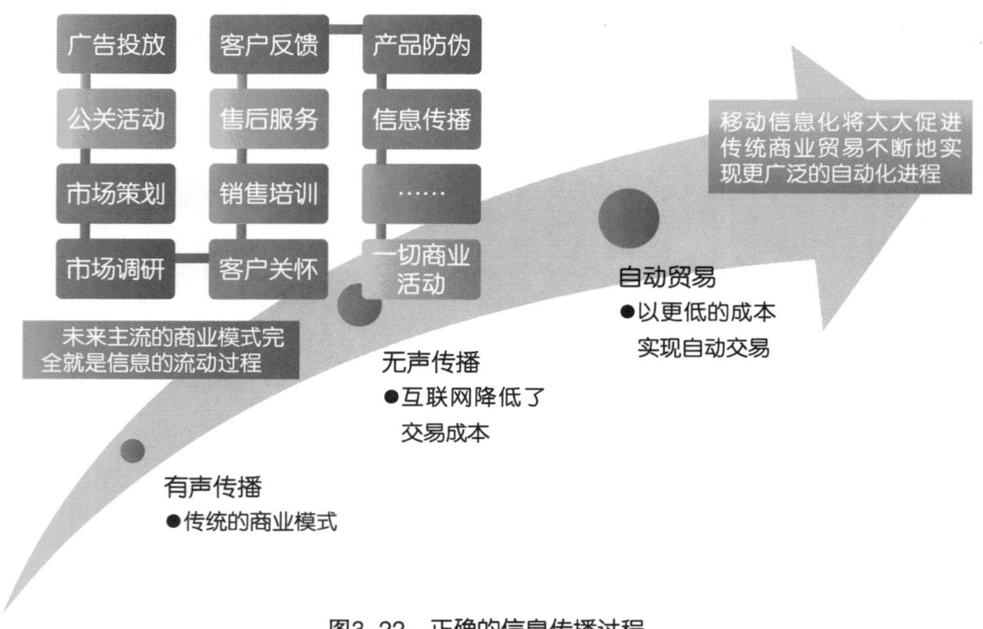

图3-22 正确的信息传播过程

移动信息化不断优化传播方式和盈利能力

差异化有声或无声地传播着信息，在现有条件几乎不变的情况下，只要企业做正确的传播，就可以实现持续发展和提升盈利能力，既传播品牌又持续盈利，这两者的关系密不可分。

图3-23　传播与盈利

许多公司只是一味地注重在传播方面大量投入广告，而忽略了与客户的互动传播机制的设计。我们发现，从传播到购买，再到习惯、重复、情感、口碑，最后到忠诚，这是一个连续的过程。企业应了解下面两件事。

- 传播与销售的成本降低是使企业持续盈利的关键点，每一个客户都会在不经意间传播，都会带来连带销售，这完全取决于品牌传播的角度和方式。
- 应该从消费的角度思考任何市场行动的效果，从客户的角度选择最适合和最舒服的感受，之后致力于市场活动的持续改进。

企业不是需要一个客户只购买一次产品，而是需要客户长期持续地购买，那么品牌的传播、服务的到位、过程的愉悦、体验的深刻，这些都非常重要。

在信息化时代，企业需要把所有的资源努力集中于能够产生影响的关键点上。

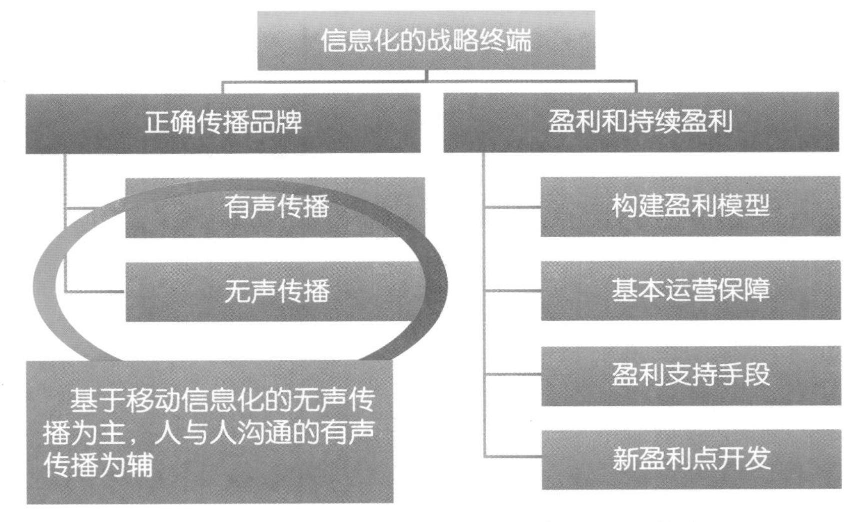

图3-24　移动信息化不断优化传播方式和盈利能力

多层级传播障碍使执行力大打折扣

从企业决策者制定战略到最终实施，实现客户收益与传播，至少要经过十个层级，我们发现，在实际的实施过程中，企业通常只能传播三层。

当产品到达渠道或代理商的时候，能够被传播的内容仅仅局限于产品资料和广告，代表企业和品牌的销售人员无法标准和准确地传播品牌。

此时，企业的“圈地”能力受到严重影响，甚至许多完美的计划因此失败。

在中国市场，传播的过程通常都会经过许多环节，每个环节传播的误差都将直接改变传播的效果和结果。

特别是客户与客户之间的传播、媒体与客户的传播更为重要。

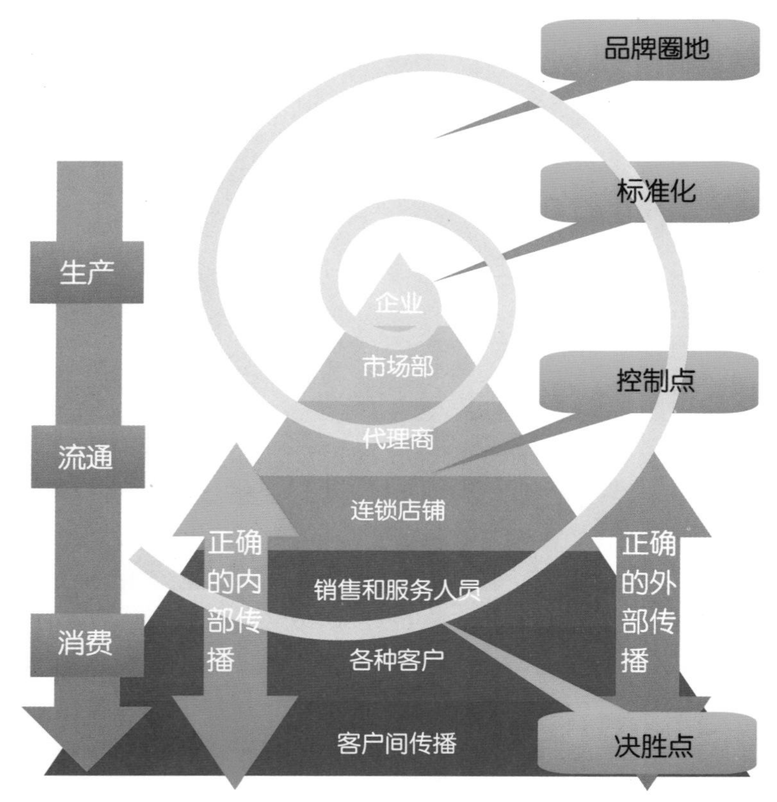

图3-25 多层级传播障碍使执行力大打折扣

企业对最有价值的免费传播往往无力控制。

战略与终端的脱节严重影响了传统企业的发展，这是造成企业经营风险的重要因素。

在传统商业的传播过程中，每一级向下的传播都是非常困难的，多层级严重影响了企业与终端及用户的连接、互动与传播能力，移动信息化技术将在这方面实现重大突破。

基于传统方式开展的多层级传播存在巨大障碍，每次传播都将引起信息的“衰减”，这将严重影响企业的“圈地”效果。

正确的内部与外部传播带来销量提升

企业的传播多种多样，无论任何形式的传播，都需要准确地进行，由内到外，由上到下，通过点线面进行传播。

内部传播包括以下方面。

- 开展内部企业文化宣导，使企业内部形成共识，以标准化的方式面向客户传播。
- 注重服务水平提升，研讨能够提供给客户最佳感受的方式，并付诸实施。
- 提高员工对企业的认同，获得更多的持续提升方法。
- 研究客户提供的建议和信息，并致力于企业内部改进。

外部传播包括以下方面。

- 开展有声传播和无声传播，通过各种信息渠道满足不同类型客户对信息的需要和反馈习惯。
- 互动式广告，展现品牌魅力，塑造品牌影响力，宣扬品牌价值。
- 寻找行业定位，面向全国展示企业品牌文化。
- 优化最佳的传播方式，以效果为导向，注重速度，注重客户体验。
- 利用移动设备的特性设计商业互动机制，引导客户完成商业全过程。

无论产品传递到哪一个层次，最需要考虑的是下游对品牌的传播问题。

- 选择经销商，最关键的是其能够维护企业的品牌形象和商业信誉，因为对于最终客户而言，他们并不能区分公司和经销商。

- 特别是多层次的销售渠道，更应该清晰知道，品牌是通过经销商销售，而不是销售给经销商。

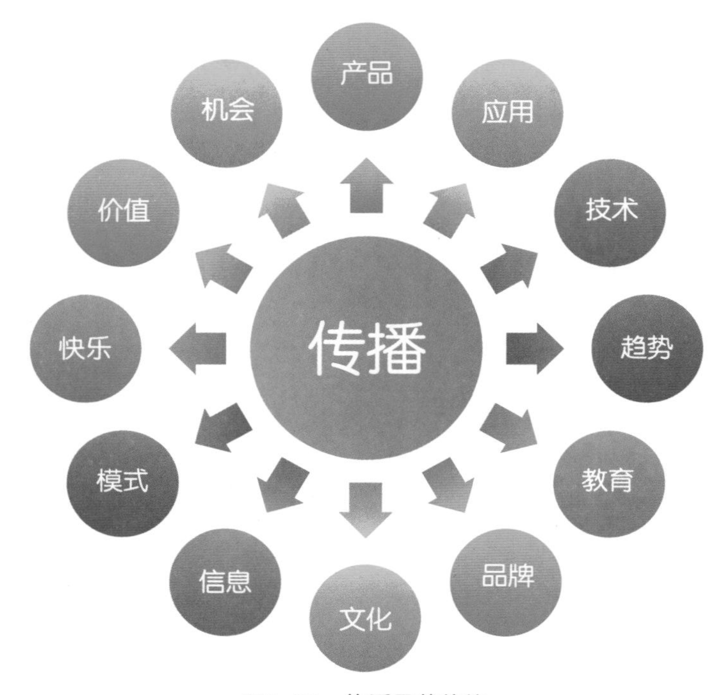

图3-26 传播承载价值

做最好的移动信息化品牌传播

品牌是产品个性化的表现，是产品特性的浓缩，客户可以通过产品的品牌知晓此种产品的与众不同之处，可以看出生产经营者的信誉、知名度、服务水平的优劣。品牌具有如下特性。

- 品牌可以长盛不衰。
- 强势品牌可形成较强的客户忠诚。
- 成功品牌具有极高的知名度与美誉度。
- 品牌是客户购买行为的重要依据。
- 品牌为客户和厂家提供更多的附加价值。

- 品牌资产是企业最重要的无形资产。
- 强势品牌对投资有极高的吸引力。
- 强势品牌是吸引聚纳人才的旗帜。
- 品牌是持续获利的保障。
- 品牌能够抵御竞争对手的攻击。

正是因为品牌能够给企业带来这么多好处，越来越多的经营者正在努力建立自己的品牌王国。其实一直以来，品牌都是企业经营的核心。

在品牌泛滥并日趋同质化的行业背景下，要继续保持差异化的优势就必须不断深入发掘品牌的深度内涵。这主要基于对产品特性、消费时尚、市场特征、人文思潮的深入了解，赋予品牌与产品独特的个性风格，以便吸引客户眼球并创造情感与文化附加值。

现实世界中，品牌的形成非常复杂和困难，没有得到客户认可和没有正确传播，就不是真正的品牌。

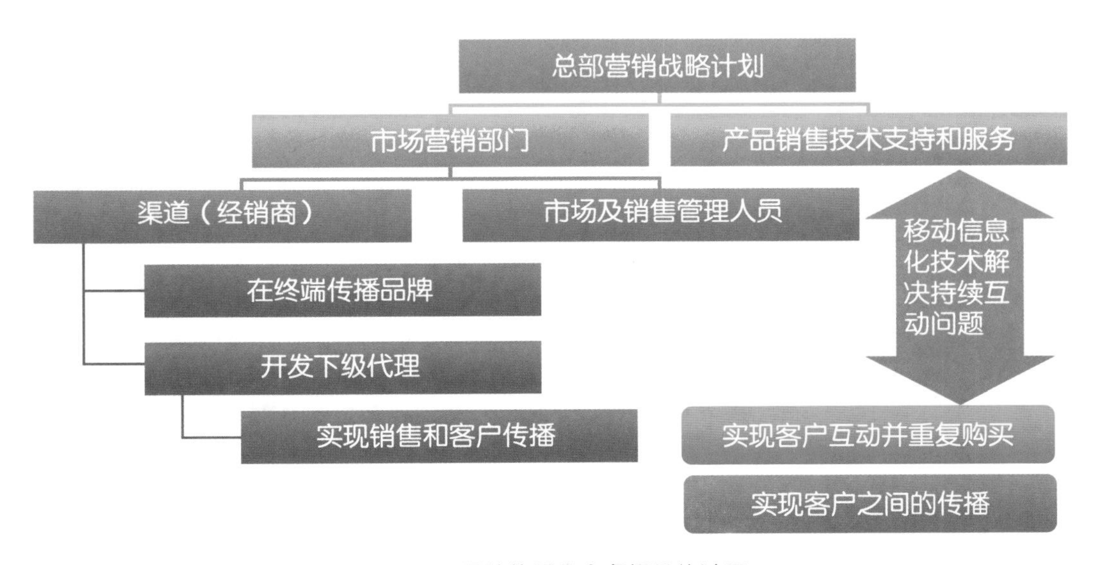

图3-27 品牌传播是个多级跳的过程

连锁业在新商业竞争环境下面临的挑战

面对挑战，连锁经营业需要思考下列问题。

- 品牌后续的行动如何关联？下一步要做什么？
- 如何为客户带来更加美好的体验？
- 各连锁店之间的关联是什么？如何把这些店连接起来？
- 客户与客户之间的关联是什么？谁能预见客户的变化？
- 如何帮助客户正确地使用移动信息化功能？
- 在市场变化之前，品牌该如何判断？品牌的明天是什么样的？
- 从什么时候开始，品牌才能够真正实现从被动到主动，再到互动？

不断加剧的经营风险时刻都对品牌的未来造成影响，企业需要控制风险、利用风险，把风险转化为突破性的成长良机。

图3-28 连锁经营业面临的几个挑战

移动信息化促进品牌连锁业价值提升

店面的数量和质量会引发更多的投资者关注。

- 当你拥有10家店的时候，投资商就会关注你。
- 当你拥有20~30家店的时候，更大的资本会找到你。
- 当你发展到50~100家店时，就可以筹备上市了。

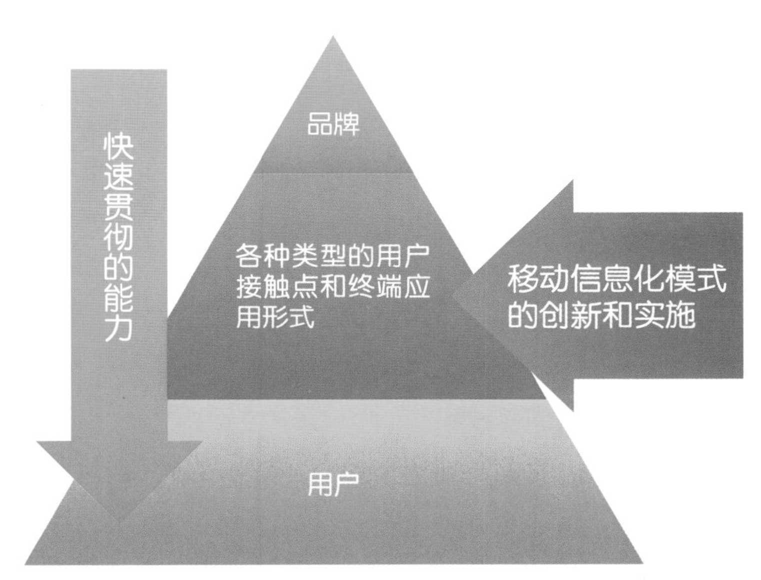

图3-29 信息化连接品牌与用户

掌握了正确的企业扩张原理和模式，就有机会从一开始做到盈利，并且让每个加盟店或连锁店成功。这不是简单的复制店面，核心在于复制真正有效的、可控的和基于移动信息化的商业模式。

从一开始就设计正确的模式，让传播简单化和清晰化，然后坚持下去，通过人与人、信息与人的沟通实现持续影响，最终让品牌深入人心，取得最终胜利。

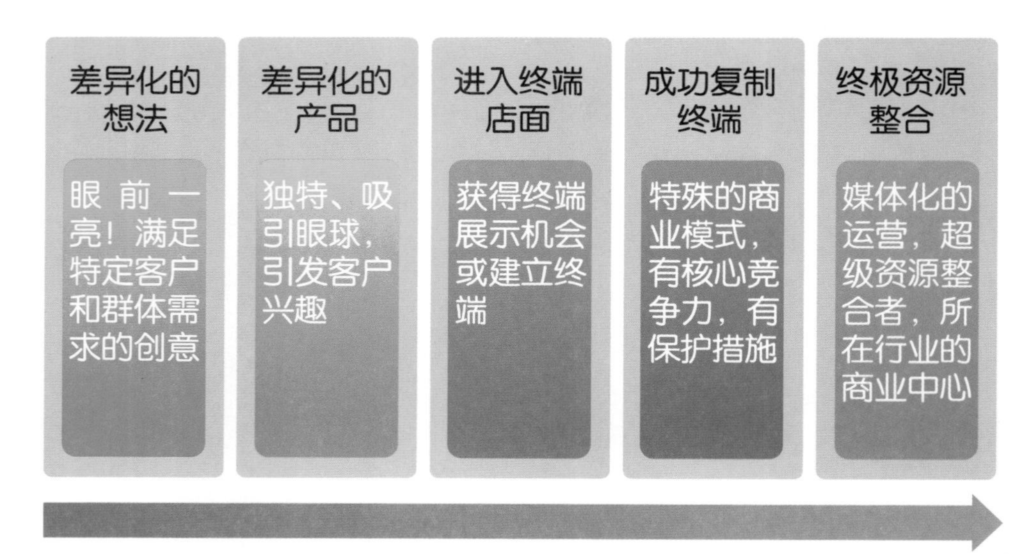

图3-30 移动信息化促进品牌连锁业价值提升

商业互动能力决定了商业结果

营销、服务、互动和体验是推进和实现商业信息化的关键环节。

跨越时空、地域的自动化商业互动模式将帮助更多的企业和行业走向成功。

图3-30中所示的各种互动需求，都可以通过移动信息化的产品和功能实现。

基于移动信息化的商业应用，极大地扩展了传统商业依靠销售人员个人的能力实现业绩的可能，借助用户的移动信息终端（主要指手机），实现从品牌到客户及从客户到品牌的全程信息化。

连接、互动与传播贯穿商业的全过程，而运营商则是构建这个移动信息化平台的主体，通过对移动信息化入口、通道及内容的控制力，实现信息化在商业客户及个人客户的广泛深入应用。

商业对于移动信息化的正确运用，将使品牌呈现出独特的差异化与个性化，引发用户间的广泛信息传播（手机终端的传播比口碑传播更容易、快捷和高效）。

移动信息化更容易形成以品牌为中心的客户群体，这些客户喜欢通过移动信息化的方式，更快捷、更频繁和更有乐趣地与品牌持续互动，这也是未来信息化发展必然趋势。

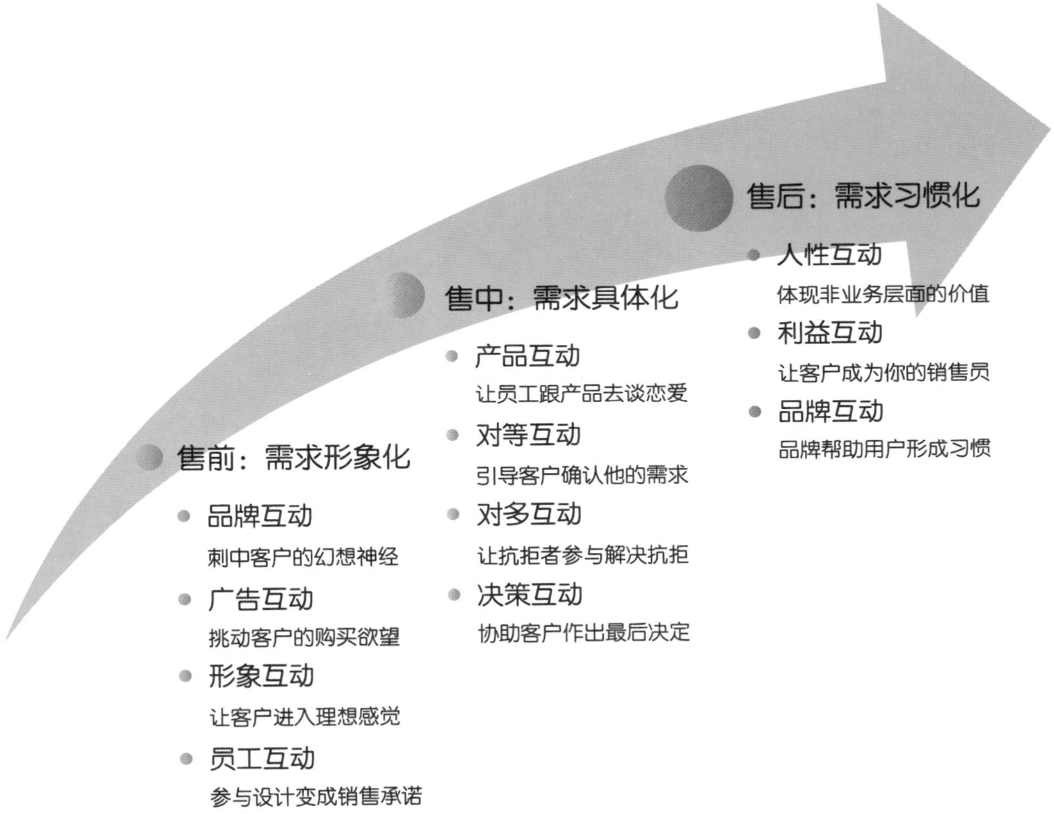

售后：需求习惯化
- 人性互动
  体现非业务层面的价值
- 利益互动
  让客户成为你的销售员
- 品牌互动
  品牌帮助用户形成习惯

售中：需求具体化
- 产品互动
  让员工跟产品去谈恋爱
- 对等互动
  引导客户确认他的需求
- 对多互动
  让抗拒者参与解决抗拒
- 决策互动
  协助客户作出最后决定

售前：需求形象化
- 品牌互动
  刺中客户的幻想神经
- 广告互动
  挑动客户的购买欲望
- 形象互动
  让客户进入理想感觉
- 员工互动
  参与设计变成销售承诺

图3-31 商业中的各种互动需求

本章思考和讨论

配合本章的内容请思考和讨论下列问题:

一、信息化如何实现企业的新型“圈地运动”?

二、企业引用移动信息化要建立哪些新认识?

三、品牌如何借助信息化获得发展?

四、信息化如何驱动商业升级?

五、个人用户及商业用户对信息化的需求各是什么?

六、移动信息化如何把传统商业中的复杂问题变得简单?

七、移动信息化的灵魂是什么?

八、移动信息化的个人应用和商务应用应该如何紧密结合并且相互促进发展?

九、如何解释连接、互动与传播之间的关系?

十、信息化如何帮助商业实现用户与品牌的连接?

十一、移动信息化的互动主要有哪些方法?

十二、移动信息化如何助力商业发展?

十三、分析传统商业沟通模式与移动信息化沟通的成本和效果。

十四、连锁行业如何借助移动信息化发展?

满足信息时代用户的需求，其核心在于营造全新的商业空间，实现基于信息化的商业经营。

未来的商业将导入更多的娱乐、自由、多元、个性等因素，解决商业互动问题就能突破传统商业经营的瓶颈。

第四章 构建战略终端与新盈利模式

信息化发展趋势及对我国经济社会的影响

经过多年发展，信息化已成为未来发展的战略制高点和世界各国的共同选择。信息化和工业化、全球化相互交织、融合，正在成为全球经济发展、社会进步的主旋律。

信息化日益成为提升国家整体实力和国际地位的重要手段

目前，全球信息化已进入新的发展阶段，发达国家开始或者正向信息社会转型，发展中国家积极迎接信息化发展带来的新机遇，力求突破。

继“信息社会”之后，近年来，宽带城市、信息公民、数字家庭的理念蓬勃兴起。着眼于提升未来国家竞争力，日、韩等国也将信息化纳入国家发展战略。

在这样的形势下，我国必须加快信息化发展，缩小“数据鸿沟”，抓住机遇，抢占全球经济和社会发展的战略制高点，迎接信息社会的到来，实现我国由发展中国家至创新型国家的跨越式发展。

信息技术快速发展，应用效果日渐显著

信息技术正孕育着新的重大突破，继续朝着数字化、集成化、智能化和网络化方向发展。传统农业、工业和服务业的生产方式及组织形态正迅速发生变革，人类生产生活方式信息化特征愈加明显。

信息技术的内涵和外延也随着技术快速发展、应用领域加深与拓展而不断变化，促进着信息化发展进程。

信息技术的快速发展使我国信息化实现跨越式发展成为可能。

融合、能力、普惠成为信息化发展的新要求

党的十八大胜利闭幕，会上多处提及信息化、信息技术、信息网络、信息公开等关键词，把信息化作为“经济健康发展”的一个具体目标，把“信息化水平

大幅提升”纳入全面建成小康社会的目标之一。充分体现了国家对信息化的重视，这是首次把信息化水平提升列入发展目标，这必将对今后十年我国信息化推进和信息通信业发展产生重大而深远的影响。

信息化的内涵正在发生着质的变化，信息化从原来作为核心竞争力的支撑，到逐渐成为核心竞争力的重要组成部分。

人类将逐步步入“数字化生活”时代。全球信息技术发展和应用日趋普及和深化，对政治、经济、军事、科技、文化、社会等领域的影响进一步加深，相互依存、相互融合正加剧着社会变革的进程。

软环境是发达国家引领世界信息化发展的重要保证。

我国“十二五”期间信息化建设的新需求

“十二五”时期，我国信息化将迎来难得的发展机遇。从外部看，信息技术持续创新，信息化已成为全球发展的大趋势。从内部看，我国已到了必须更多地依靠科技进步、自主创新来实现进一步发展的新阶段，要求信息化加快发展步伐。

我国“十二五”期间信息化建设要求[①]如下。

- 必须满足贯彻落实科学发展观、转变经济增长方式、推进循环经济发展、实现可持续发展的迫切需求。
- 发展先进生产力、优化升级传统产业结构、走新型工业化道路、实现两化融合的迫切要求。
- 发展先进文化、促进网络文化繁荣有序发展、提高国家文化软实力的迫切需要。
- 消除数字鸿沟、缩小中西部差距、促进区域协调发展、促进统筹城乡发展、实现和谐社会的迫切需要；建立健全国家信息安全保障体系、保障国家安全的迫切需求。
- 要深化信息技术应用，深度开发生产、流通和其他经济运行领域的信息

① 摘自：《中华人民共和国国民经济和社会发展第十二个五年规划纲要》。

资源，大幅提高信息化对经济发展的贡献率，显著降低自然资源消耗水平，推动建设资源节约型、环境友好型社会。

- 最大限度地发挥信息化在知识生产、利用、传播和积累面的优势，加快建设创新型国家，实现科学发展。

移动信息化济时代开始了

人类经历了农业经济时代、工业经济时代、商业经济时代，而现在已经是信息化经济时代了，率先借助移动互联网发展的新商业，就好比是在冷兵器时代拥有威力巨大的枪械。

信息技术的应用正日益成为我们工作和生活中不可分割的重要组成部分，现代商业不再依靠简单而重复的传统套路了，新时代的商业精英必须着眼于不断变化的客户对产品和信息的需求而快速变化与反应。

那么，信息技术如何与商业结合，如何帮助商业创造更多的价值呢？实现这些目标的关键，在于正确理解和应用移动信息化技术。

在未来，信息化的应用会更加广泛，包括：工业信息化、商业信息化、农业信息化、医疗信息化，甚至更多的信息化领域，这是一个具有巨大吸引力和无限挖掘潜力的新财富源泉！

国家对移动互联网行业投入了巨大的支持，我们可以理解为工业信息化解决了生产的问题，而商业信息化解决了流通的问题，移动信息化这个课题的提出、开发、软件化和实施，将会为中国商业的腾飞作出巨大贡献。

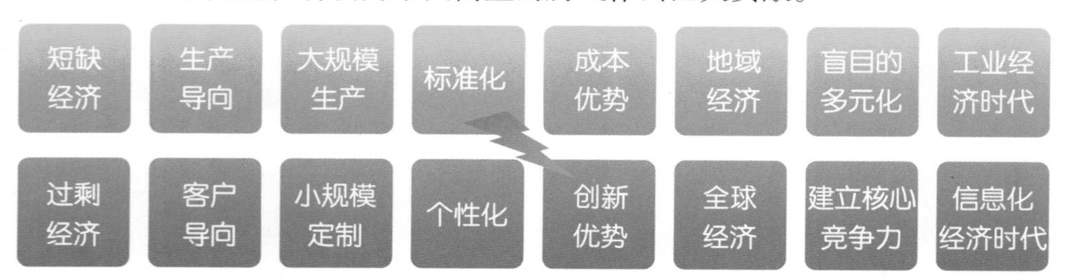

图4–1　移动信息化帮助各类型用户寻找和抓住新型发展机遇

在这样一个时代，商业如何正确、深入地理解信息技术的商业价值，将信息技术确实应用到商业的运作之中，并且逐步形成以移动信息化技术为主线的新型商业模式，是信息产业的开发者、企业家、经营管理者最终要直接面对的问题。

企业要认识到信息时代竞争的残酷，找到最佳的发力点，从一开始就通过信息技术塑造自己的核心竞争力，重新建立基于信息化经济时代的行业标准，开创企业新的未来。

移动信息化构建新型商业空间

移动互联网最终将成为重新定义和改变世界的力量，如同传统互联网对商业的变革一样，这种力量已经开始以巨大的力量影响我们身边的一切！

移动互联网是产生商业变革最有利的力量，传递了在未来新商业世界中最有持续力的动力，为企业插上腾飞的翅膀，帮助传统企业和新型企业企业获得持续成功。

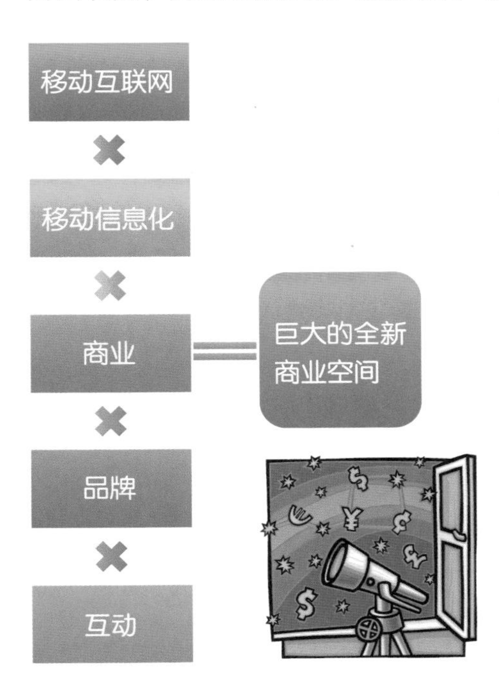

图4-2 未来的巨大商业空间

构建战略终端体系为现在和未来的商业革命做出透彻的分析以及提供无限的应用可能，优化、改变和创新商业模式，全面改善、提升品牌与客户之间的互动关系，为新型企业成长提供更多基于客户体验和互动的体系、工具、方法、实践、服务及产品。

与此同时，企业要意识到，客户拥有更广泛、深入的知识，他们的力量是巨大的。在未来，品牌最大的推动力将不再是企业和商家，而是客户，他们的智慧将超越一切，商业要借助客户的推力和拉力开创全新的商业信息化济时代。

开发新理念不难，难在跳出旧理念。

——英国经济学家　凯恩斯

移动信息化的特征和趋势

互联网的大发展创造了全新的网络信息时代，互联网解脱“有线”的束缚，插上“移动”的翅膀，为我们构筑一个更具创新潜能的新世界，这将为我国传统产业的变革与发展提供创新动能。

在移动互联网平台上，出现了越来越多的新业务模式，而且始终有新的参与者为产业带来创新和活力，这将极大地激发移动互联网的潜能，各种新型的网络应用技术和产品随之不断涌现，而且将强有力地向各种传统产业渗透，推动其他传统产业的升级，打造出更具活力的移动互联网新经济。

在移动互联网得以产生大发展的未来，数字化生存将变得更加彻底、更加引人入胜，那时的互联网才是一个完全活跃起来的互联网，一个具有生命意义的互联网。

移动信息化的另一个趋势是基于手机终端的信息化商业应用将成为亮点。

无论是针对商家企业还是针对客户，移动信息化与商业的结合才能产生应用价值，这将是未来发展的核心。

行业应用的广泛普及是实现广泛移动信息化的根本出路，未来将实现企业的应用及所有个人移动用户的全面参与，最终实现“移动改变生活”的战略愿景。

未来全球信息化经济将建立于全球电脑网络及网络基础上的移动商务之上。

——《大趋势》作者　约翰·奈斯比特

图4–3　移动互联网时代的商业特征

移动信息化在商业中应用的目的和行为

正确理解商业和信息化的关系，企业才能借助信息技术获得腾飞，这同样有助于企业在移动信息时代制定正确的商业发展策略。

新时代的商业应该兼顾速度与规模，从一开始就利用正确的模式立足和发展。按照传统商业模式运营的企业，将继续重蹈“赌博”和“被动”的行为。

商业关键词				
广告	品牌	市场	价格	产品
互动	客情	绩效	战略	终端
客户	口碑	传播	体验	服务
教育	管理	策划	品牌	传播
公益	文化	差异	整合	娱乐
事件	绿色	责任	虚拟	展示

×

信息化关键词		
传播	信息化	动态
品牌集中	自动	持续
互动	连接	集中
合法	深入挖掘	自由
乐趣	无限	链接
时尚	丰富	无限大

图4–4 移动信息化技术实现了商业与信息的充分结合

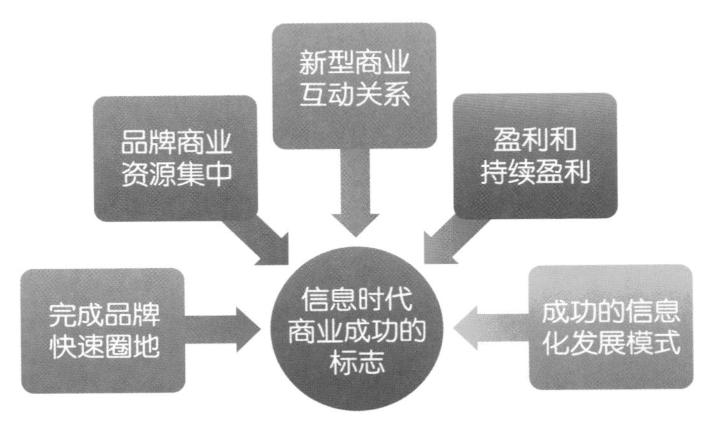

图4–5 信息时代商业成功的标志

杠杆与太极

移动互联网产业是巨大的综合产业，中国移动是移动互联网价值链建设的主力军和基础，网络建设速度和基础服务的提供是移动互联网腾飞的前提。与此同时，众多依附在产业链周围的各类型公司，包括网络、设备、终端、SP、CP、技术、内容、软件、阅读、游戏、动漫、支付、阅读、营销、广告、传媒、出版、音乐、视频、网站、教育、投行和更多的行业都在觊觎如何获得某个环节的先发优势和控制权，截至现在，他们已经做出了非常多的创新和尝试。

产业链中的每一种技术、每一个环节、每一个节点、每一种组合、每项应用都预示着巨大的产业和商业机会，整个产业链的实现就是中国移动互联网业最美好的未来。

构建战略终端是最具有实际操作性的移动信息化理念和实践，通过把产业与商业、营销、战略和品牌进行结合，产生巨大的商业应用，就能够为商业带来巨大的收益。

基于移动信息化的战略终端，能够帮助商业找到切入点、支撑点、借力点和发力点。

移动信息化技术和产品支撑企业实现全面发展，并逐步形成基于移动信息化的新型商业模式。

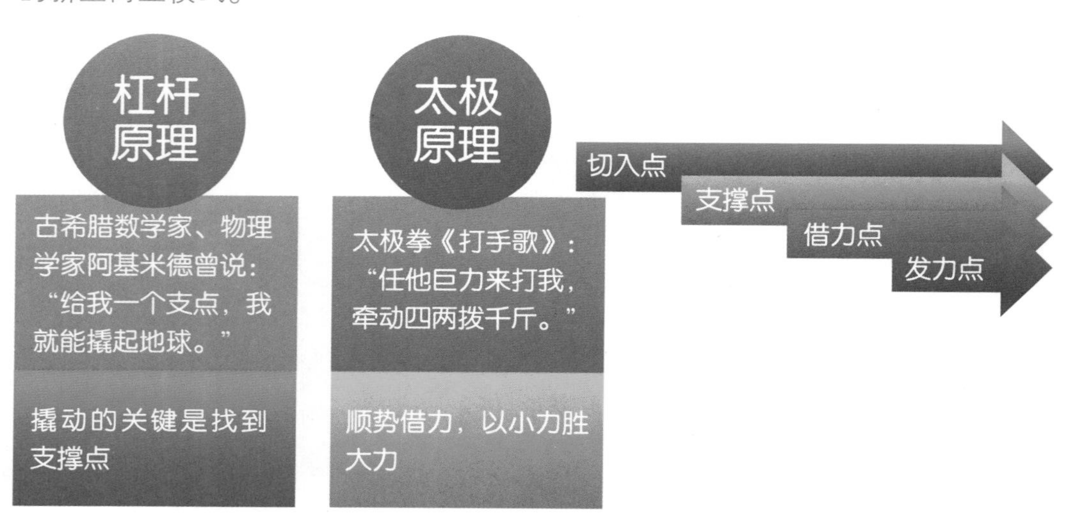

图4–6　移动信息化是传统商业与信息化的完美结合

移动信息化整合多个行业平台

以往的社会资源要素多数是零散和互不相关的，在这样一个复杂的产业中找到规律，并将这些资源整合起来，就像磁铁分子一样，按同一个方向排列，就可以产生巨大的吸引力，这种力量就是信息化的力量。

企业应该构建属于自己的移动信息化商业平台，这种平台将实现以企业为中心的平台化、商业化和媒体化功能。移动信息化促进诸多行业实现融合，最终，基于移动信息化的技术将成功实现“移动改变生活”的战略愿景。

所有伟大的创新都具有一个共同的特征，就是平台模式。

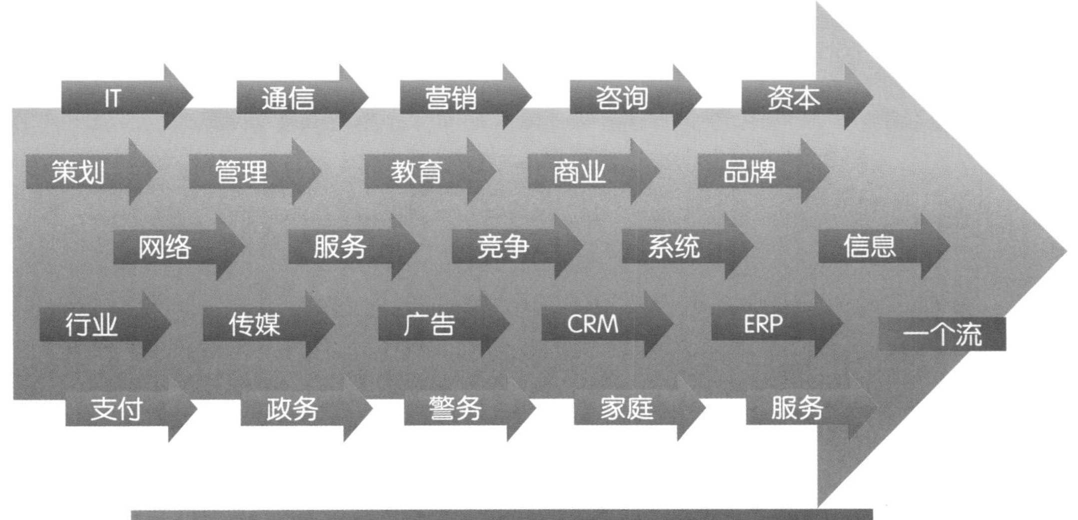

图4–7 移动信息化整合多个行业平台

思考：传统商业促销的局限

传统商业对于促销的控制方面，总是执行不到位，通常会存在下面的问题。

- 促销用品使用浪费或被挪用。
- 客户信息难以记录和收集。

- 客户参与人数少。
- 促销或游戏规则不公平。
- 缺乏互动手段和工具。
- 传播渠道少，受众有限。
- 人与人沟通成功率低。

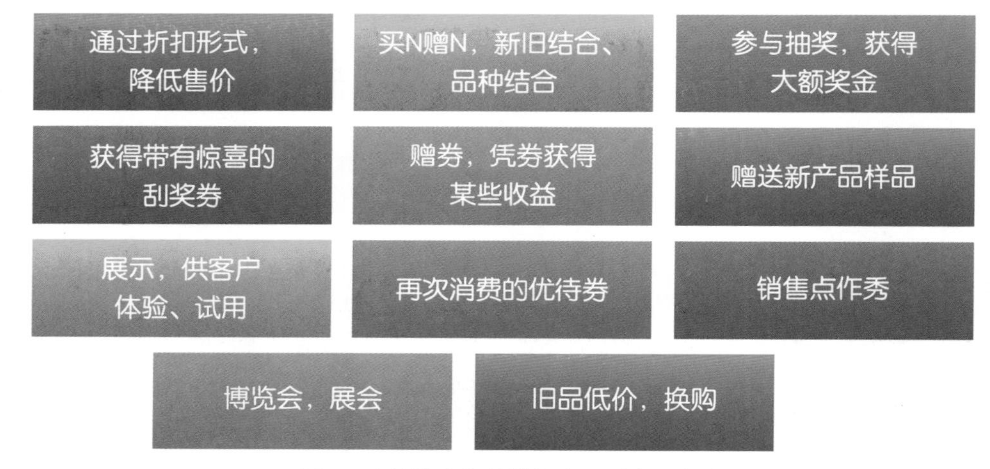

图4–8 传统商业促销的主要形式和内容

传统促销形式在传播和吸引用户方面的能效较低，只能在有限的客户接触点内有效，因此品牌无法实现持续传播和盈利。

在商业中，客户有自己选择的自由，商家取得的业绩成效，就是在竞争的过程中对客户产生的最终影响，以及这些影响最终产生了多少业绩。

- 移动信息化的实施使商业行为和目的变得丰富多彩。
- 移动信息化模式可以为任何类型的商业设计基于移动互联网的整体解决方案。

移动信息化连接多项要素

基于移动信息化的战略终端，是通过对商业环境中多种行业特性的综合思考，结合企业的发展战略与目标，寻找到促进公司持续稳健提升的触发点而制定的。

在移动互联网时代，企业更需要找到更多的信息应用技术和方法与企业结合，帮助企业解决那些传统方法无法解决的问题，同时更进一步地促进信息化公司的成长。

全世界有许多经典的战略、优秀的成功案例、成熟的技术与方法，许多企业从中受益，并且获得了巨大的全球性成长，但中国企业从中获得的收益却非常有限，究其原因，主要的障碍在于以下几方面。

- 对知识的消化、理解、转换。
- 知识与企业实际状态的结合。
- 对制定和实施过程的准确设计。
- 对成功与失败的反思及改进。
- 对系统的试验、修正及调整。

基于移动信息化的战略终端体系，建立全新连接商业的模式，才是真正适合中国企业的商业模式，这个体系将实现商业的终级整合。

学会把点连成线。

——苹果创始人 史蒂夫·乔布斯

图4-9 移动信息化平台

在信息化经济时代成就新品牌

移动信息化是商业最大的竞争优势，这就好比是在冷兵器时代拥有威力巨大的枪械。

移动信息化与商业的结合，是以成本、便利性、互动、体验、直觉、对等和品牌传播为导向而设计的。

作为销售实物产品的公司，通过这种技术为产品和品牌附加文化、智慧、想象力、影响力、生活方式和客户价值，才能够实现销售数量和质量的终极突破。为此，企业需要在以下方面深入思考。

- 如何以信息技术为基础，获得和处理信息。
- 如何以对信息技术的创新应用为市场突破，创造亮点，并实现品牌的提升。
- 如何以客户为出发点，实现产品价值向客户价值的转化。

移动信息化改变了商业思维和运营，带来新的改变。

- 不是商业品牌研究客户，而是客户关注品牌。
- 不再是批量制造，而是小规模个性化定制。
- 将不再有“推销”这种销售方式，一切销售实现都是客户选择的结果。
- 传播将不再是单向的，而是以互动形式开展。
- 由传统的企业主导和控制，转向客户主导和控制。
- 不再是选择媒体投放，而是把客户改造成最佳的媒体传播者。
- 不是品牌锁定客户，而是品牌被客户锁定。

互联网改变了商业，移动互联网的出现将加速商业的变革。

未来品牌将具备的三个特征：信息化、互动化和平台化。

移动信息化带给品牌营销的变革

依靠传统的市场营销，只有极少数品牌获得了成功，更多的品牌成为陪衬或先驱而消失在茫茫商海中。

基于移动信息化的战略终端是跨越多个行业和体系的新经济模式，通过移动互联网的入口与商业的结合，可以帮助更多商业实现发展。

借助构建战略终端的理论和实践，将会有更多的公司获得稳定和持续增长的市场份额，拥有让竞争对手赞叹不已的稳定客户群体。

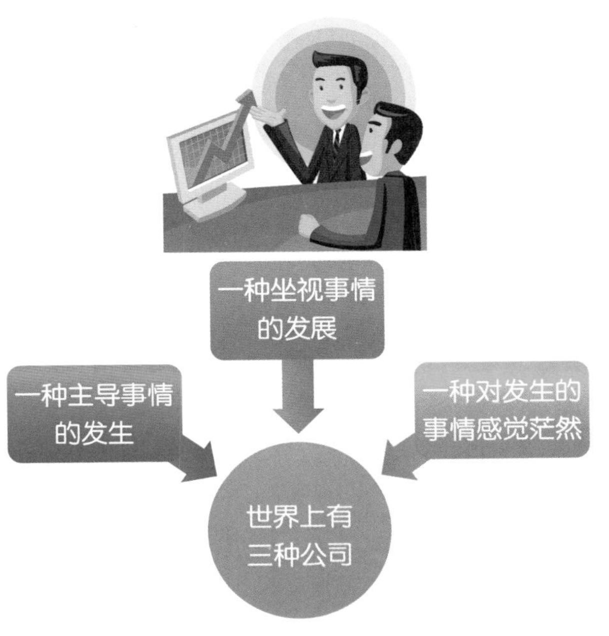

图4-10　三种公司对信息化的态度

传统营销与移动信息化的结合，将实现企业业绩的持续提升，并带来三个重要变化。

- 变被动为主动。
- 变过客为用户。
- 变流量为销量。

由于传统商业难以改变的被动状况，使得移动信息化与商业的结合成为一种必然，从战略到终端的理念得以落实，也能够成为未来商业的主导部分。

在未来，所有的品牌必然都将是能够与客户进行互动的品牌；所有的营销中心必然都会成为互动式的营销中心。

图4-11　移动信息化带给品牌营销的三个变化

移动信息化带给品牌营销的变化

传统企业经过了完善的准备，把每一个环节的工作都做到位的时候，才有机会在有限的盈利点上获利。任何一个环节执行的失误和不足，都使成功变得遥不可及。每增加一个商业传播环节，结果就会衰减一些。

在渠道执行的过程中，所有的环节都与人有关，要使人的传播更加准确与到位，必然要经过准确和严格的标准与规范化训练，才可能实现。

增加互动的传播手段与方法，通过无声的营销模式弥补人员传播的不足，这就是基于移动信息化技术而设计的商业互动机制。

无论是无声传播还是有声传播，都需要经过设计，以一种客户容易接受的方式开展。最终，实现与客户的互动，没有推销与被动，而是使客户在平和过程中自主研究和选择产品。

商业营销需要成功地影响客户，促成客户实现购买。

客户并不清楚自己想要什么，他们需要看到最简单的购买界面。

信息化的战略终端提供的工具都具有简单的操作方法，任何人都能够轻易地参与到其中，并感觉充满乐趣。

在未来，所有商业都应该充满乐趣和惊喜，真正实现商业娱乐化。

图4–12　商业的三个结果

用户更喜欢使用无人干预式的互动

无人干预式互动的特点有以下几点。

- 商业活动不依靠人与人的沟通便能够开展，避免了人员干预的不确定性。
- 不受时间、地点和环境的制约，同样能够实现。
- 解决了对人员执行的管理难题，只在极少数地方提供必要的人力支持。
- 客户的商业行为不受外界的影响。
- 开展大规模、高效率和低成本商业成为可能。

基于移动信息化的商业运营，完全可以实现上述目标，通过无人干预式的互动，使企业的运营轻松、有序、可预测、可引导。同时，对于用户而言，提供了最有价值的体验。

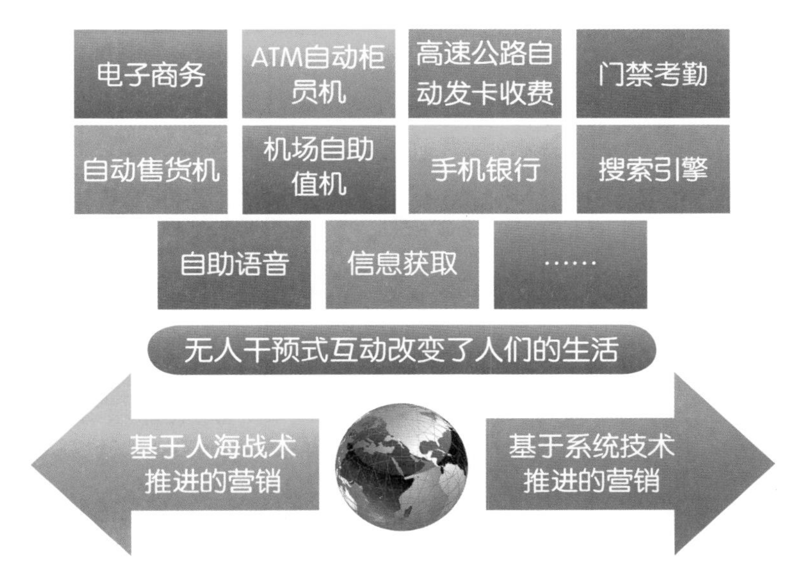

图4-13　无人干预式互动改变了人们的生活

无人干预式的互动，乐趣在于以下几个方面。

- 公司的目标不是为客户创造价值，而是动员客户从公司的各种产出中自己创造价值。

- 轻松地使用终端设备完成互动。
- 这是商业运营中最有吸引力的地方。

企业流程未来的变化将走向自助服务，企业的成本将会因此降低，但感觉上服务品质提高了，这是因为客户在自己动手做。

——雷蒙德·莱恩（Oracle）

借助信息技术，品牌可以帮助客户作决策

一方面，客户的信息化习惯使得他们不断追求更有乐趣和可参与的品牌。另一方面，借助信息技术形成的互动反馈了客户的真实想法，品牌可以据此设计新型的信息化互动模式，继而帮助客户作出决策，品牌和客户之间真正做到互相影响与提升。

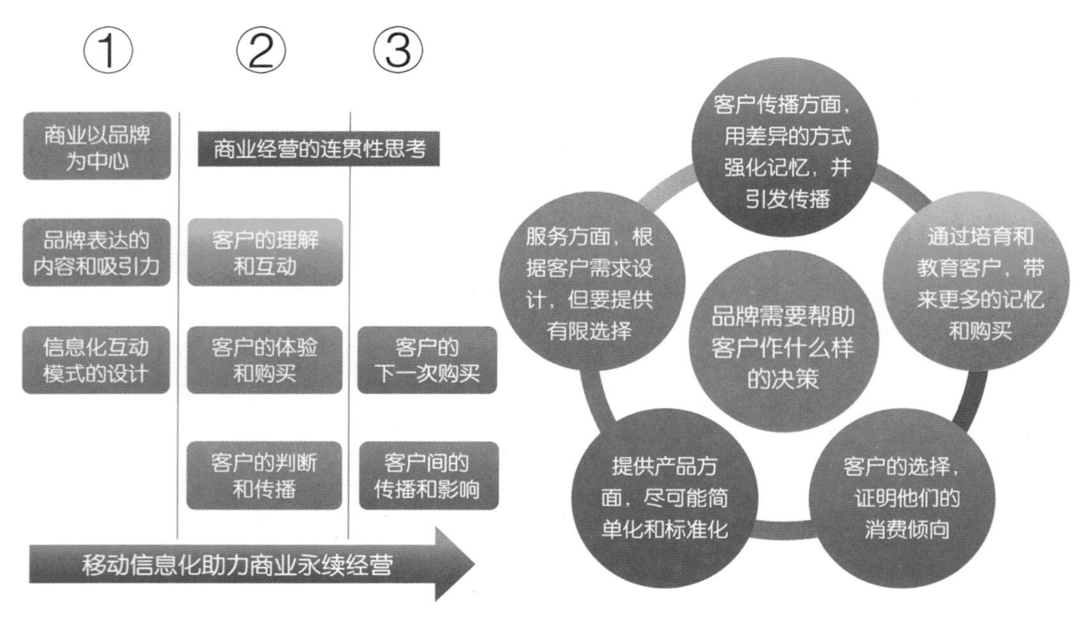

图4-14 移动信息化助力商业永续经营

移动互联网激活互联网

移动互联网时代的胜出者总是少数，成功互联网公司的背后是无数的失败者。在移动互联网面前，人们的好奇心和探索能力显得如此脆弱，挑战未知领域的机会充满了风险与未知。

- 互联网不断扩张，每年都在以几何倍数增加，但成功的只是极少数。
- 互联网进入的门槛低到了几乎不需要成本，然而却是一个无底洞，想依靠互联网实现盈利和持续盈利，是一件非常困难的事情，互联网的诱惑让你好进难出，又欲罢不能。
- 当人们都在互联网的大海中游泳时，几乎面对相同的难度与困惑，寻找到正确的方法和清晰的思路如同大海捞针。
- 互联网时代，许多投资者甚至连一分钱的回报都没收到，就被淹没在汹涌大潮中了。
- 陷入同质化，陷入价格战，无法与传统商业结合，无法创建适用的商业模式，互联网和移动互联网就无法找到真正的出路。
- 基于手机彩铃、短信、彩信、SP、CP、数据业务等新业务的出现拯救了互联网，救活了不少的互联网公司，也因此在中国催生了一个巨大的移动互联网产业集群。

如果单纯地把互联网和移动互联网理解为一种技术，企业在这个领域成功的可能性将会非常低。只有将之与商业深度结合，才能产生巨大的商业价值，互联网也才能实现真正的价值。

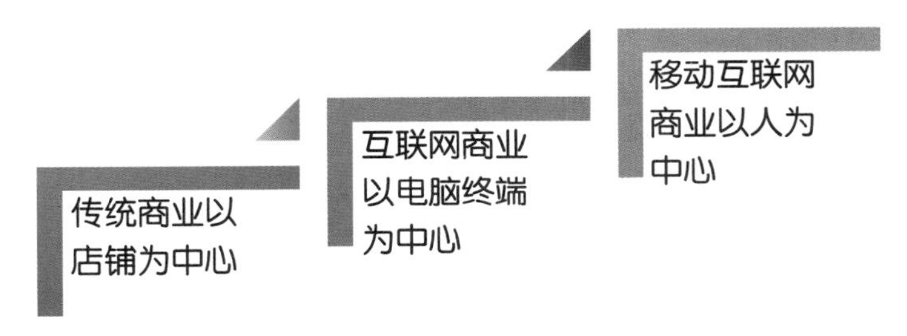

图4-15 线下、线上和移动的商业模式如何融入与发展

如果你没有能力抓住上一个互联网大潮的机遇，那么移动互联网将是你的另一次机遇，抓住它将帮助你的商业获得真正持久的成功。

但是，仅仅把互联网的产品和服务移植到手机终端上，是不可能成功的。

正确认识到移动互联网的本质，寻找到与商业结合和促进的商业模式，才是可行之路。

移动互联网入口之争

随着移动互联网商业模式的不断创新，产业链公司不断对价值链进行划分和重构，运营商在这种趋势之下将呈现几种发展方向。

产业链公司和用户将选择可替代产品，实现语音、信息、流量和业务的功能，并因此“绕开”运营商。

运营商只能通过出售或出租通道及流量获得收益，从而逐步地沦为纯管道，其他主体则借助运营商的管道发展。

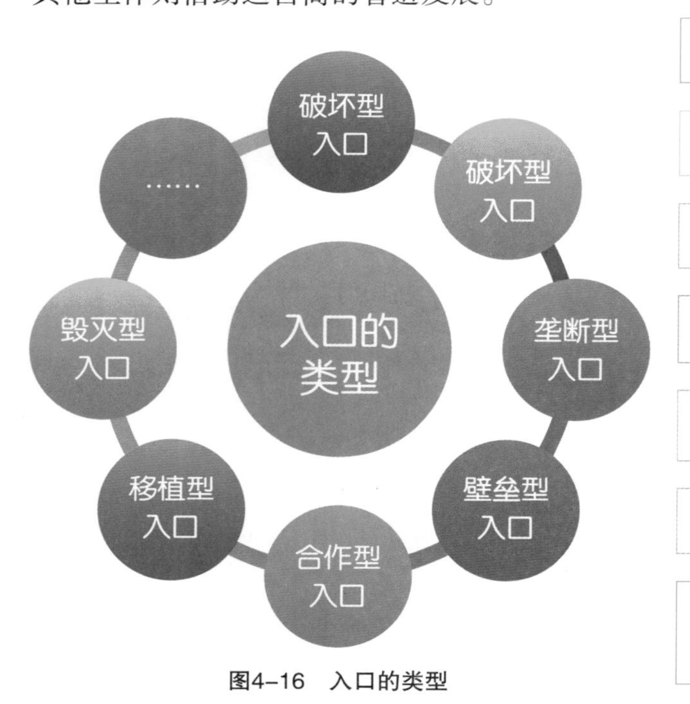

入口的类型
破坏型入口
破坏型入口
垄断型入口
壁垒型入口
合作型入口
移植型入口
毁灭型入口
……
图4-16 入口的类型

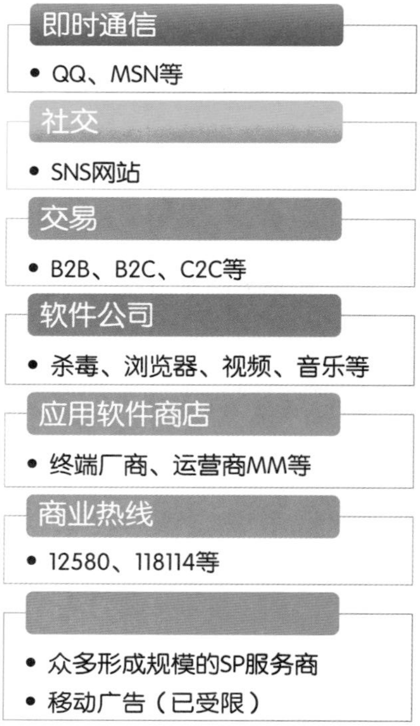

即时通信
• QQ、MSN等
社交
• SNS网站
交易
• B2B、B2C、C2C等
软件公司
• 杀毒、浏览器、视频、音乐等
应用软件商店
• 终端厂商、运营商MM等
商业热线
• 12580、118114等
• 众多形成规模的SP服务商
• 移动广告（已受限）
图4-17 规模较大的信息化入口

随着竞争压力逐渐增大，运营商“被迫”接受更多的条件，引入更多的产业链公司，慢慢把他们培育长大，其中一部分成为未来的竞争对手。

因此，运营商必须要建立适用的商业模式，掌握对移动互联网入口的控制权，通过内容、产品、服务、应用和方案来满足各行业用户的需求，不断增强黏性，实现数据业务、增值业务和行业解决方案大规模营销，充分发挥自己的移动信息化优势，形成运营商自己的信息化平台商业盈利模式。

中国移动如果能够创造下一个移动信息化平台枢纽，将获得取之不尽的利润源泉。

对比过去运营商的垄断性经营，现在的管道已经被各类公司切开了许多“入口”，这些入口分流了用户，吞噬了流量，影响了运营商的收益，甚至最终将可能成为最大的竞争对手。

对移动互联网入口的控制是重点

在移动互联网的入口之争中，对入口的控制无疑是重点。所谓入口，有以下几种。

SP短信：短信是最简单和最具操作性的移动互联网接入方式。

WAP和WEB网址：搭载任何类型的超链接，是移动互联网应用的基础。

软件预装：通过对手机设备预（安）装软件，实现移动互联网的应用。

网上商店：通过聚合平台实现用户使用移动互联网及增值业务。

二维码：通过黑白二维码的可印刷和显示功能，实现多种媒体的

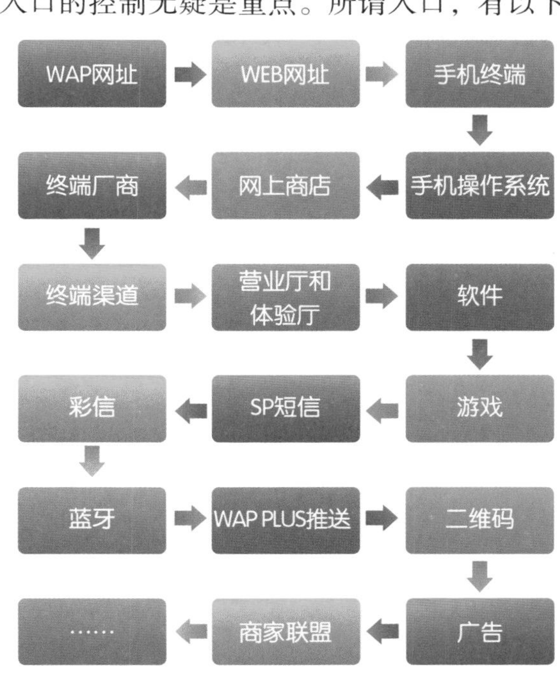

图4-18 用户使用移动互联网产品和服务的入口

超级链接。

短信及彩信链接：搭载文字、图片、声音、拨号、视频、网址的信息，实现多种链接。

硬件（终端）集成：通过终端设备的按钮对应实现某种移动互联网功能。

手机终端预置：通过操作系统的深度定制、一键直达和软件预装等方法实现。

SIM卡功能扩展：SIM卡的扩展功能实现多种应用，如身份认证、手机支付等。

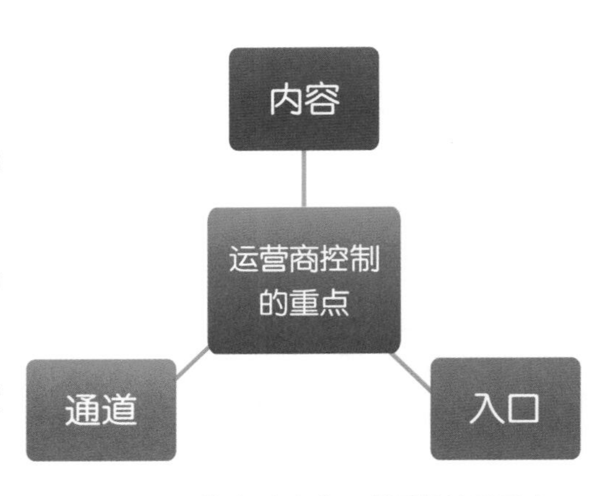

图4–19 运营商对移动互联网的控制重点

究竟哪种入口以什么样的方式运营，才能产生最大的收益呢？

与商业的紧密结合，才能够使入口的价值最大化。

移动信息化如何做大

移动互联网已经成为当前经济最为活跃的领域。

互联网与移动通信业的加速融合，不仅给移动增值业务的发展注入了新的活力，也为整个移动通信产业发展开辟了更加广阔的空间。

与此同时，互联网业务的加速移动化也给移动运营商的增值业务产业合作模式和商业模式带来了新的挑战，需要根据新的形势积极应对。

移动互联网的发展绝不仅仅是满足用户现在的需求，只有突破传统思维，通过移动互联网创新商业模式，实现对移动信息化与商业的充分结合，才能够取得移动互联网的

图4–20 移动信息化承载未来社会的发展

全面胜利。

随着信息化的推进，单一凭借运营商自身的力量已经难以完成面向各类型用户的信息化服务。在新商业环境下的合作模式不断推陈出新，运营商借助社会资源获得持续发展已经成为必然。

图4-21　入口和平台实现各领域的全面发展

中国移动近十年的主要信息化开放合作模式

中国移动近十年推出了各种信息化开放的合作模式，下一个飞速发展的模式将是什么？

①

推出时间：2000年12月
发展模式：运营商+SP
主要成绩：
- 运营商的平台和控制力
- 开放和共赢的价值链合作模式，快速带动了社会各方的力量的投入，开创了运营商的第一次合作模式
- 开发全国SP1000多家，本地SP6000多家

移动梦网模式

②

推出时间：2005年6月
发展模式：运营商+CP+SP+终端厂商
主要成绩：
- 业务的控制力
- 以无线音乐为切入点，开创了CP合作模式
- 集中化的产品开发，节约资源，提高效率，调动了全网上下的积极性
- 开展专业化的产品运营
- 已经建立9大基地，与500多家CP直接合作

基地模式

③

- 推出时间：2009年8月
- 发展模式：运营商+AP+终端厂商+应用开发商

主要成绩：
- 百花齐放，繁荣长尾
- 截至2011年4月，全国累计注册用户数已经超过3900万人，注册开发者达110万人，提供各类手机应用5万件，累计下载量1.25亿次，是去年成长最快的手机应用商店

MM模式

④

?

下一个模式?

图4-22　中国移动近十年的主要信息化开放合作模式

发展大规模移动信息化有以下重点。

- 整合重要的内容，实现内容的极大丰富化。
- 选择最有潜力的应用技术和产品进行合作。
- 合作进行媒体平台的运营，实现用户转化。
- 重点运营杀手级业务，实现全国公司发展。
- 控制移动入口和平台促进商业和个人应用。
- 实现商业和信息化的充分结合和互相促进。

从封闭走向开放，从单一转向多元，中国移动在为促进信息化的大规模发展作出了重要的尝试和杰出贡献。

运营商的移动互联网战略必将转向对入口、通道和内容的控制，在未来运营商将实现商业与信息的完全结合，使各类移动互联网资源都将为商业和个人所用。

我们推测，下一个模式极有可能是“商业信息化”，这将蕴含巨大的能量和下一个“金矿”。

商业联盟模式将推进信息化业务渠道营销创新

商业联盟是指众多的联盟商家同时使用一种积分系统计算积分或共享会员身份，客户在不同行业的联盟商家消费时能够获得同一种积分奖励，积分可以累积，可以在联盟商家换取礼品或者服务，以及得到更多的优惠等。

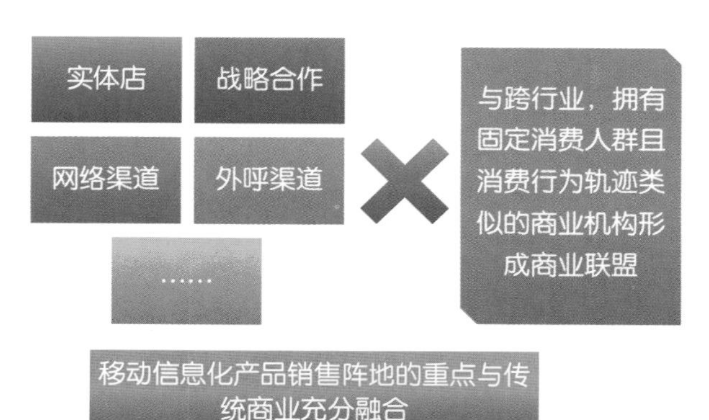

图4–23　通过商业联盟模式发展移动信息化业务营销创新

商业联盟是商家未来发展的必然趋势，将所有会员与商户通过网络联系在一起，促成一种全新方式的合作，达到资源共享的目的，使商户与顾客双方互惠互利。

联盟消费群体中，年轻人所占比例较大，而目前手机用户年轻化趋势非常明显。以联盟商家年轻消费群体为突破口，寻求增值业务推广新途径，同时，联盟商家汇聚具有相似消费的轨迹人群，便于目标群体的界定，并逐步将联盟商家打造成增值业务推广“第二渠道”。

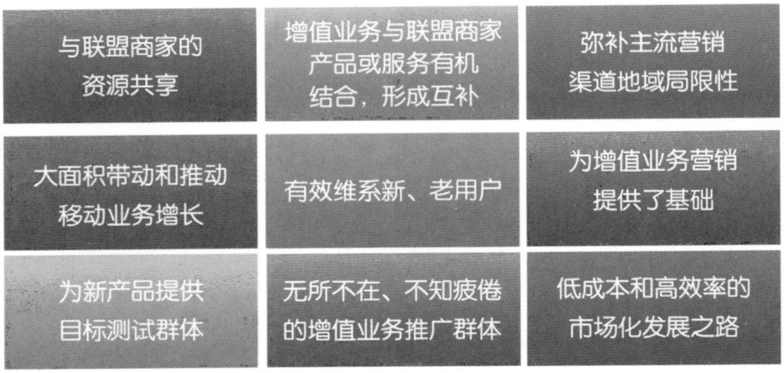

与联盟商家的资源共享	增值业务与联盟商家产品或服务有机结合，形成互补	弥补主流营销渠道地域局限性
大面积带动和推动移动业务增长	有效维系新、老用户	为增值业务营销提供了基础
为新产品提供目标测试群体	无所不在、不知疲倦的增值业务推广群体	低成本和高效率的市场化发展之路

图4-24　商业联盟渠道的主要优势

商业联盟中，商家自有的增值业务推广专员专业化培训将是重点，推广专员相当于一个移动业务平台，在店铺、家中、朋友聚会等任何地方都可以发展业务，由于其本身即是增值业务的使用者、推广者，除了担任业务终端推介的职能外，对于口碑传播、突破宣传壁垒能够起到一定的作用。

大规模发展移动信息化的重点。

从封闭走向开放，从单一转向多元，中国移动为促进信息化的大规模发展作出了重要的尝试和杰出贡献。

运营商的移动互联网战略必将转向对入口、通道和内容的控制，在未来运营商将实现商业与信息的完全结合，使各类移动互联网资源为商业和个人所用。

运营商的新客户细分策略

以往，运营商在推出新产品或服务时，通常认为最具普及性的市场是个人用户和标准用户。由于电信市场一直呈现新市场的快速增长现象，在具有垄断性质的前提下，对以行业为划分标准的创新一直未能有具有突破性的创新。

随着运营商竞争的日趋激烈，这种面向行业的创新将变得更加重要。

谁能够以快速的创新紧密贴合行业客户最迫切的需求，谁就能够在下一步的竞争中获得优势，可是这么多的行业和客户，从哪里开始着手，以及如何能够实现有针对性的开发，这是运营商共同面对的巨大挑战。

商业客户千差万别，运营商和商家如何识别客户的意义重大，找到恰当的方法实现这个用户细分的目标是一个庞大的系统工程，运营商需要对商业的需求和客户的行为有更加清晰、准确的认识，切入关键点，这是掌握和启动商业信息化的根源。

现在，三大运营商在基于2G及3G技术的产品创新和开发方面的能力已经非常强大，如何实现商业化营销，与各行业结合起来，满足行业差异化的信息需求就要思考：用户必须要细分，标准又是什么？

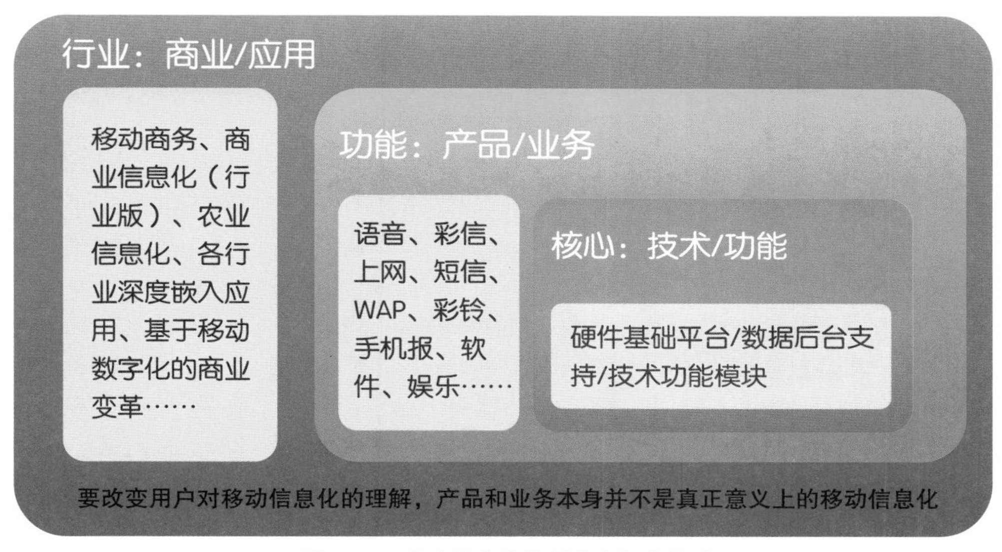

图4-25　移动信息化的新客户细分策略

运营商的商业立体循环生态产业链

在信息化带动工业化的前提下，运营商需要了解行业需要什么，用户的使用习惯，国家政策的导向，产业链的全局发展，并以此为基础创造运营商控制通道、入口及内容的立体产业链。

从长远来看，企业用户和个人用户的需求一定要从被动需求变成主动需求，而运营商、设备商、互联网等环节都是为其提供支撑技术和平台的角色，如果运营商能够根据行业和用户的需求创造新的业务，就能够从根本上实现运营商的角色从功能提供商向平台服务商角色的转变。

运营商想在未来的商业中实现最终的胜利，本质上来说就是实现以商业为中心的资源集中，以企业为中心的基于数字化的商业资源集中。

在从2G到3G建设的初期，以标准、硬件、技术、设备和终端为重点，中期则以软件、商业应用、用户转网、习惯养成为重点，后期必然是以大规模的商业应用为重点，可以认为这是一个从硬件到技术再到行业应用的循环，最终将全面带动所有产品的启动和深度应用。

因此，信息时代就是基于移动互联网的商业信息时代，解决商业问题的关键在于具有战略终端的思维体系，将战略系统思维模式和终端执行思维模式结合，创造全新的商业自动执行力系统。

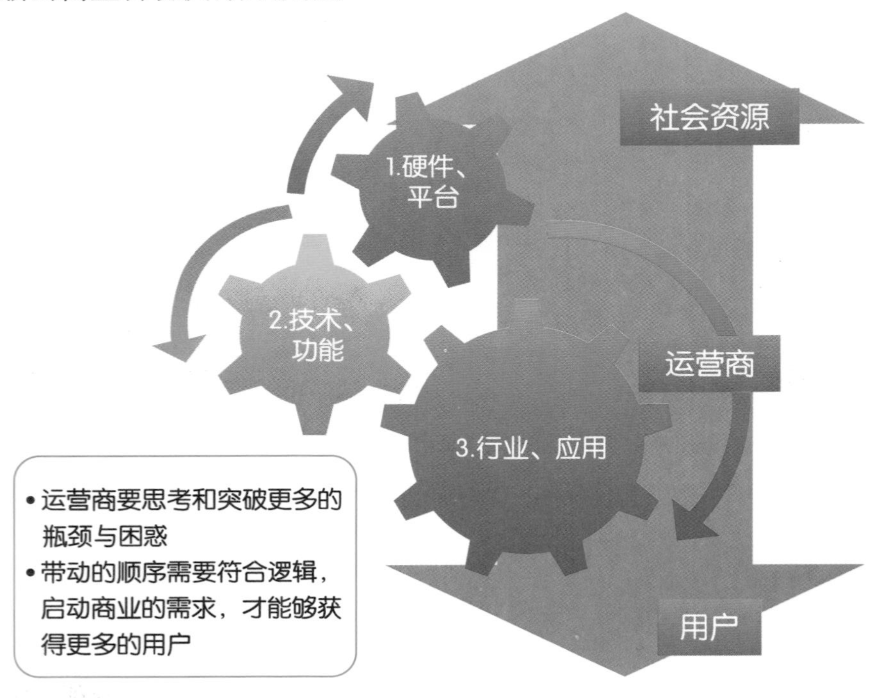

图4-26 上下游贯穿的循环的思考

从产业链的角度开始思考问题，看清楚全貌之后再着手寻找创新的突破点，这样可以创建出无数种符合时代特征的商业立体循环生态产业链。

运营商从功能提供商向平台服务商角色的转换是必然之路，机遇早已经存在，如何快速突破？

以用户和商业应用为中心的全局模式才能实现移动互联网综合发展

不标准的手机操作系统正在逐步标准化，国外厂商在争夺智能终端及智能操作系统方面的进展惊人，基本上实现了垄断。

现在的机遇在于谁能够开发和满足移动信息化下游产业（个人应用、家庭应用、商业应用、企业应用和行业应用等）的需求，谁就能真正获得整合的机会 。

同时，外国运营商正虎视眈眈地寻找中国移动互联网产业的机会。

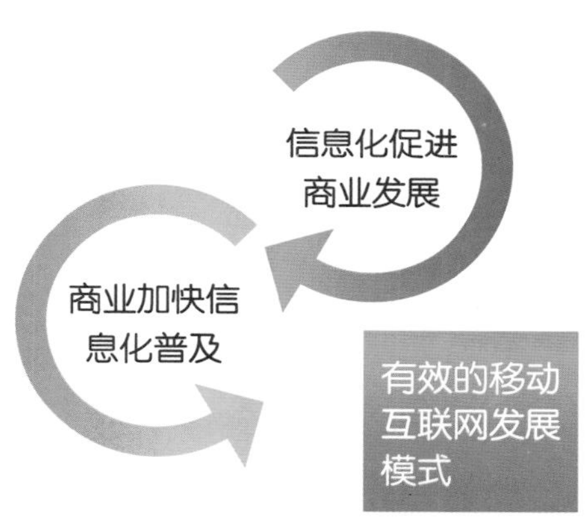

图4–27 兼顾用户和商业的发展

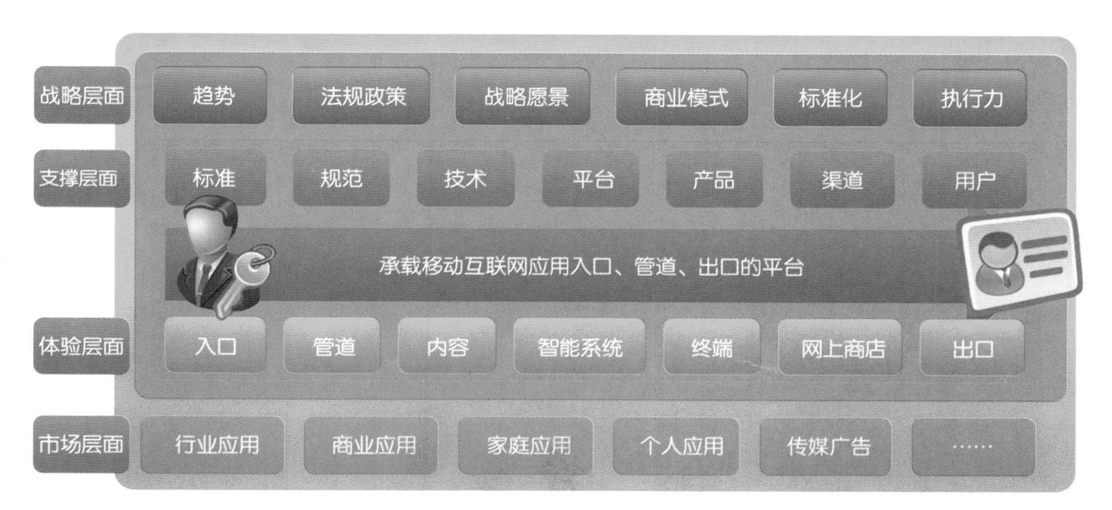

图4–28 以用户和应用为中心的全局模式才能实现移动互联网综合发展

只有中国移动才能够实现大规模的移动信息化

移动信息化产品设计和大规模营销是一个新的课题，一个面临空前挑战的课题。

未来，所有商业基于移动互联网的信息化应用，都应该非常简单，只有简单、易用、有趣和惊喜的，才是容易普及和最有生命力的。

中国移动一直致力于简化用户的移动信息化的应用方法，通过掌控入口、通道和内容来实现大规模的移动信息化。

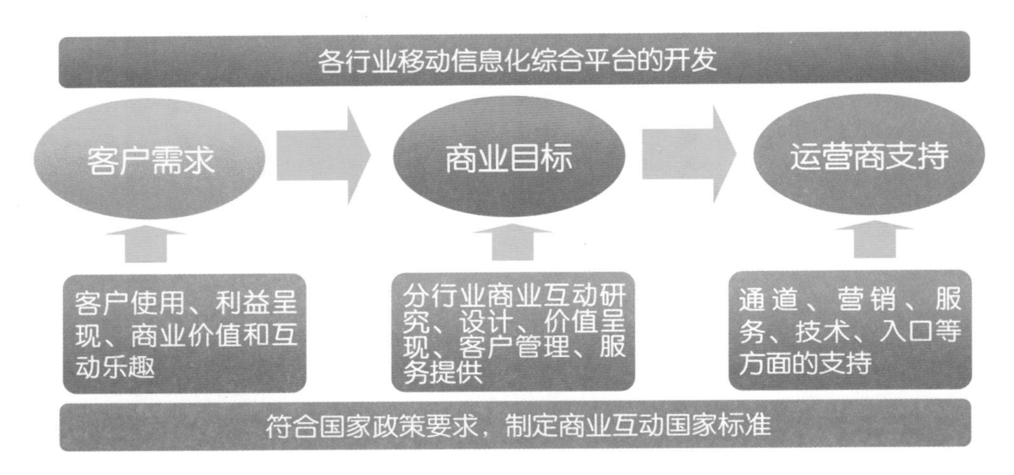

图4–29　各行业移动信息化综合平台的开发

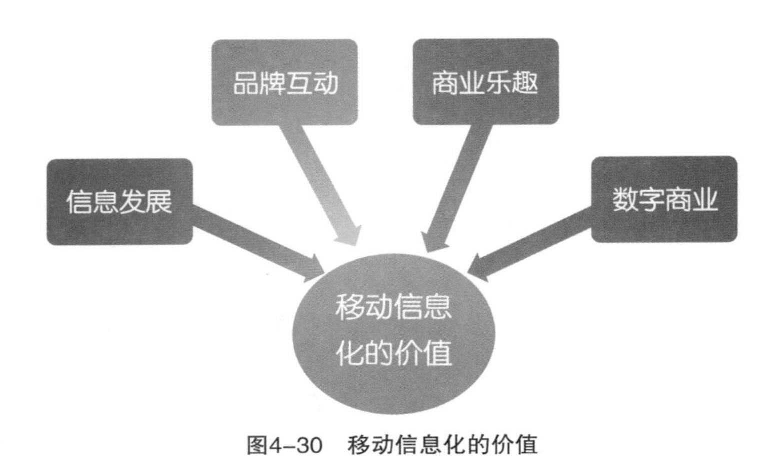

图4–30　移动信息化的价值

对比案例：国外运营商移动互联网个人应用业务

移动互联网的深入应用将在未来呈现纷繁复杂的局面，绝不是现在理解的简单的全业务或融合业务，其起作用的根本因素在于行业应用、商业化营销、教育、客户行为方式等方面的改变。

在中国，运营商的创新在于创建符合中国国情的信息化模式，并且设计满足和引领用户需求的信息化产品。

运营商	个人应用	行业应用
韩国 SK-telecom	下载（下载丰富的MP3、墙纸、活动影像、铃声、图片），短信，电子邮件，手机游戏，电子商务（移动银行等），手机电视，社区服务（提供Messenger、论坛、名片夹、聊天等），生活信息（提供各种生活相关信息服务及电子图书服务），音乐/视频频道（音乐广播、电影频道等）	B2B Groupware M2M 汽车导航 家庭控制
欧洲 Vodafone	铃声、图片、动画、视频、3D游戏下载，IMPS(聊天)，Mobile Email，Video Messaging，语音邮件，MMS，移动互联网，手机游戏，短信，Music Download，Mobile Search	Mobile Office
日本 Do-Co-Mo	下载业务（铃声、图片、动画、视频）；可视电话、可视会议，短信、电子邮件，语音邮件，视频和音乐配送业务，视频邮件、视频点播和卡拉OK，手机游戏，信息导航（提供电子地图、路况信息、停车指南、气象预报），移动银行，远程教育/视频购物，手机电视	远程信息处理 汽车导航 家庭控制
英国 BT电信	高速上网，音乐、视频频道，位置信息频道，手机游戏，下载业务等多种多样的业务和内容频道	大型/中小型企业的综合信息化平台
德国 T-Mobile	高速上网，动态菜单、信息服务、Music Download、MMS、铃声 / 图片下载业务等	跨国企业管理系统

图4-31 国外运营商的移动互联网个人应用业务

本章思考

配合本章的内容请思考和讨论下列问题：

一、阅读《国家“十二五”规划纲要》，讨论各类型用户对信息化的需求。

二、移动信息化如何帮助各类型商业用户寻找和抓住新型发展机遇?

三、移动信息化的特征有哪些?

四、移动信息化与商业的关系是什么?

五、多个行业的信息化平台该如何搭建?

六、传统商业经营的瓶颈是什么?

七、为什么移动信息化是连接各类社会和商业资源的“超级链接”?

八、移动信息化带给品牌营销的变革是什么?

九、移动信息化如何影响品牌与客户之间的关系?

十、为什么说无人干预式的互动是用户最容易接受的?

十一、分析传统互联网模式与移动互联网模式的关系。

十二、移动信息化产品广泛普及和应用的策略是什么?

十三、移动互联网的入口有哪些? 哪些能够形成最大的聚合效果?

十四、商业联盟是什么?

十五、针对移动信息化产品和服务的营销，用户应该如何细分?

十六、运营商如何借助商业联盟模式获得更广泛的应用空间?

十七、如何重新细分用户类型? 主要有哪些分类?

十八、移动信息化与商业应用的融合难点是什么?

十九、如何解决不标准的手机操作系统标准化的问题?

移动信息化实现了社会资源的全面链接，并使中间层级逐步消亡，最终实现用户与品牌的直达。

新型企业将基于移动信息化的模式而运作，这将带来彻底的商业变革。

第五章
移动信息化链接全社会资源

数字是传统商业管理的极限

传统的管理手段已经无法跟上信息时代的发展，庞大的数字是传统商业管理的极限。无法与客户形成互动，商业经营变得更加被动。试着问问自己下面这些问题。

- 你能够同时管理1000家店面吗？
- 你能够同时管理10000名销售人员吗？
- 你能够同时管理1000000个会员吗？
- 客户特征能实现真正的细分吗？
- 真的能够达到每个客户的要求吗？
- 真的需要为每种客户都提供个性化的解决方案吗？
- 通过什么样的手段和方法能够满足上述要求？

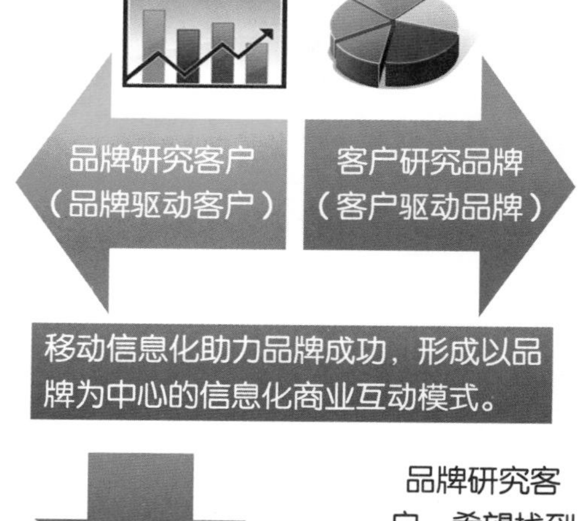

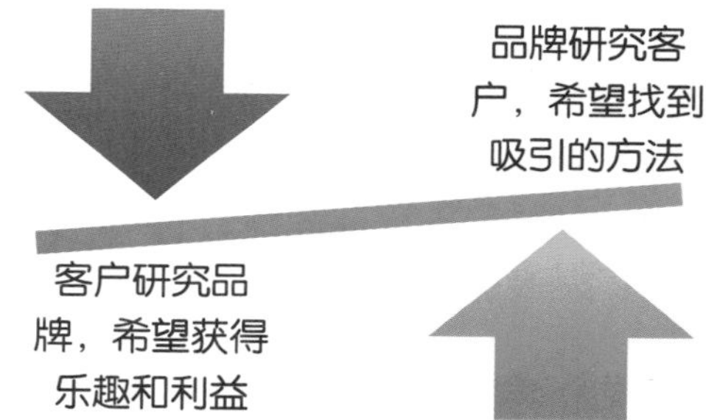

图5-1　商业的原始驱动力

这些问题都有巨大的挑战性，解决这些问题的关键在于是否了解移动信息化的本质和规律，是否能够换个角度思考，跳出传统的商业思维限制，跳出固有的思维角度，换个立场看问题。

下面便是商业思考中获得突破的两把钥匙。

- 品牌研究客户，希望找到吸引的方法。
- 客户研究品牌，希望获得乐趣和利益。

移动信息化技术帮助商业建立健康的动态循环，通过点、线和面的传播，启动更大范围的品牌传播，促进获得持续的成功。

移动信息化思维将突破传统商业思维方式的桎梏，思考用更多的自动化信息系统技术替代更多的人力，这样必然会带来商业新格局的形成。

移动信息化是创造品牌个性化差异的开始

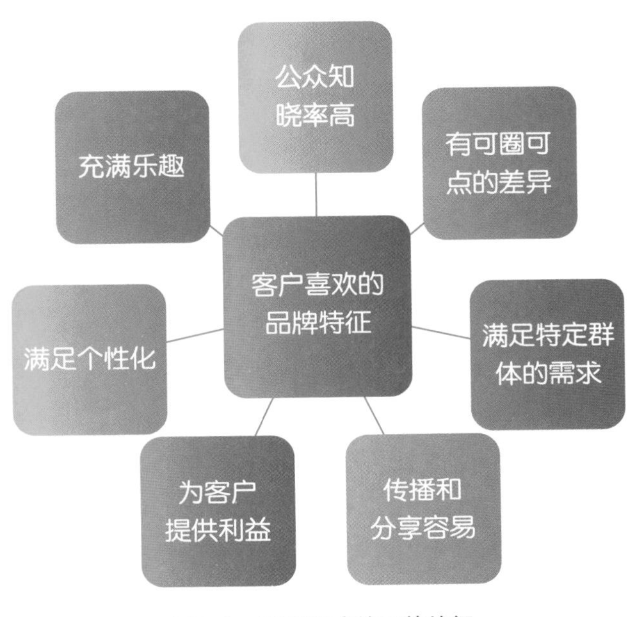

图5-2 客户喜欢的品牌特征

成为客户喜欢的品牌并不是件容易的事。

移动信息化的出现使得创造品牌差异变得容易，从产品的核心竞争力开发开始，甚至在产品与客户见面前就能够引起客户的强烈兴趣，让人与人之间的传播更加有效。

这种品牌的差异甚至能够引起用户和媒体的追捧，因为媒体的主要工作是发现和传播有价值的信息与亮点，为了满足媒体的需求，移动信息化“创造”了产品的个性化差异，并且把经过包装的创意亮点“主动”通过信息化通道呈现给客户。

移动信息化是完全面向未来的思考模式。基于移动信息化发展的商业模型对传统品牌的信息化运营提供了理论支撑，核心的价值是实现了商业低成本、高效率、跨越时空和地域的限制，实现了自动化的商业互动与营销过程。

率先引入移动信息化的企业必然会在“圈地”过程中最早地完成积累。

同时，客户对于新的互动方式必然产生深刻的印象，并且在自己的社交圈子中传播，品牌将因此持续得益。

图5-3 “选择”与“对比”决定行动

移动信息化使所有商业行为形成“一个流”

商业无论采用何种形式的营销、管理或服务，都是企业从战略到终端的实现方式。形式多种多样，但是否能够真正有效实现企业设计的期望结果呢？

传统的商业运营往往具有极大的风险和不确定性，根本的原因在于没有采用有效的商业互动模式和工具，没有形成正确的互动关系，最重要的是没有完整的“回路”来持续验证和改进。

移动信息化实现了用一个流来实现所有商业行为的目标，以移动信息化为主线解决营销、管理和服务的问题。这样，传统商业的巨大能量就被释放出来了。

制约传统商业发展和促进现代商业发展的都是信息。历史上商业不发达的时期，借助商业与客户信息的不对等，借助天时、地利和人和的原因，成就了许多商业大鳄。

但是现在，客户已经知晓了如何以最少的货币购买最可能优惠的商品，并且在消费前获得商业的服务承诺。因此，商业要审视这种新的购买关系，掌握规律，建立新的规则，才可能从中获利。

与此同时，随着人民群众可支配收入的增加，相当大一部分客户更加注重购买过程中的品牌效应、情感关怀、购买体验，只有与他们的理念趋向一致的品牌才能够获得他们的青睐。

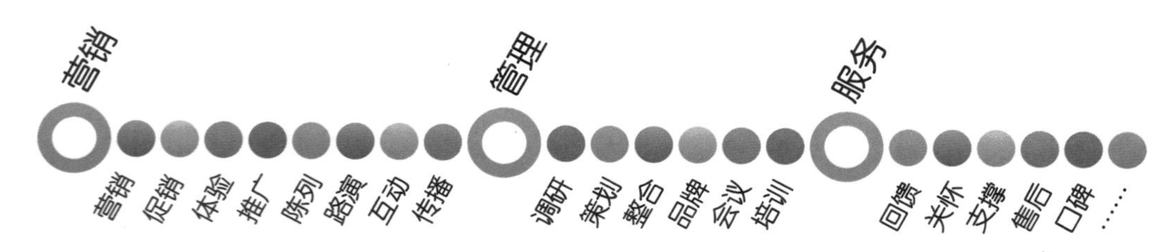

图5–4　移动信息化使所有商业行为形成“一个流”

移动信息化使所有商业活动通过同一个平台和通道开展

现实世界中，被冠以最完美名字的销售策略和方法，总是那么花哨而又无力。

实际上，如何使所有营销手段都能够被正确执行，真正产生价值才是关键，这样才能够产生对商业的正面驱动，解决商业中常见的“赌博”、“浪费”、“推销”和“被动”问题。

不要只在意营销概念本身，只要是没有实现与客户连接、互动和传播的商业行为，其价值都是很低的！

通过构建战略终端系统，使每个商业经营活动都能够掌握借助移动信息技术吸引客户的正确方法，让信息化在营销全过程中持续产生作用，这时，广告与销售人员所起的作用就是引导和促进，实现这两个目标，信息化的价值也就实现了。

基于移动信息化技术，弥补传统营销的弊端，激活传统营销的投入，使各种营销技术形成丰富的组合，实现营销活动的丰富多样和娱乐化。

体验营销	互动营销	顾问式营销	网络营销	直复营销	会议式营	大客户营销
精细营销	个性化营销	精准营销	合作营销	口碑营销	直销	差异化营销
色彩营销	电视购物	拍卖	体验营销	文化营销	体育营销	娱乐营销
整合营销	特许经营	服务营销	事件营销	绿色营销	交互营销	忠诚营销

图5-5　移动信息化使所有商业活动通过同一个平台和通道开展

移动信息化营销与传统营销的差异

基于移动信息化的商业营销能产生与传统营销截然不同的效果，其差异点在于实现了品牌与用户双方面的连接、互动和传播行为。更重要的是，品牌借助移动信息化技术锁定了用户，这使未来的营销变得更加容易，并且可以持续产生营销回报。

表5-1 移动信息化营销与传统营销的差异

序号	传统营销的特点	移动信息化营销的特点
1	想把产品销售给客户，因此不断陷入推销与被动的循环之中	客户发现对自己有吸引力的利益点，主动找到品牌
2	为了实现销售目标，需要做大量的准备工作。这些工作就是：赌博、浪费、推销和被动	为了实现销售，商业只需要在所有条件不变的情况下，先强调客户利益，再吸引客户主动与你进行沟通
3	固定成本的上升，使营销风险达到最大化	客户对某件事感兴趣，因为兴趣而与品牌互动
4	竞争对手和你的品牌做法相同，因此，品牌需要持续加大投入	客户在不知不觉中加深了对品牌的印象和好感
5	客户需要什么就生产什么，公司必须保证足够多的库存	有什么就卖什么成为可能，以更灵活的方式开展营销，客户间的有意或无意传播，使品牌被更多的人知道
6	客户关系维护的工作量巨大，低成本的方式总是难以找到，沟通的品质不稳定	客户关系几乎不需要维护，那些主动与品牌联系过多次的客户，就是最有消费潜力的客户
7	广告费的投放效果不确定，无法准确监测	所有广告的效果，都清清楚楚地被访问记录表现出来
8	销售人员的工作效果不易测量，仅仅凭业绩考核，难免出现误差	客户主动联系品牌的次数，就是销售人员业绩的表现
9	下一步的营销工作重点总是不确定地摆在面前，仍然需要花费比原来更多的费用进行商业投入	未来的商业活动，只需要对核心客户开展，客户的口碑传播给品牌带来更多的消费客户
10	品牌直达目标客户（引起反感）	目标客户直达品牌（商业关系变革）

移动信息化引导客户参与商业活动

传统商业设计的各个商业流程之间缺乏关联，无论企业的战略计划多么完备，但在实施时总是缺乏执行性、系统性和控制性。

在传统的商业“圈地”过程中，企业通常在第一次与客户接触时就失去了90%的销售机会，“完美”的营销计划总是因为连接、互动和传播的能力不足而失败。

流失的客户从销售数据和报表中是看不到的，那么谁为那些丢失的客户负责？

客户希望作出最有乐趣的选择，因此，他们用自己喜欢的方式参与商业活动并了解品牌。企业在开展商业活动时，首先需要解决的问题就是如何能够有效地降低风险，提升成功率，让客户进入购买状态是一切成功的基础，也是避免客户流失的关键。

正确的信息化过程需要经过设计。

基于移动信息化的战略终端让商业品牌始终沿着正确的道路前进，并且持续提升！

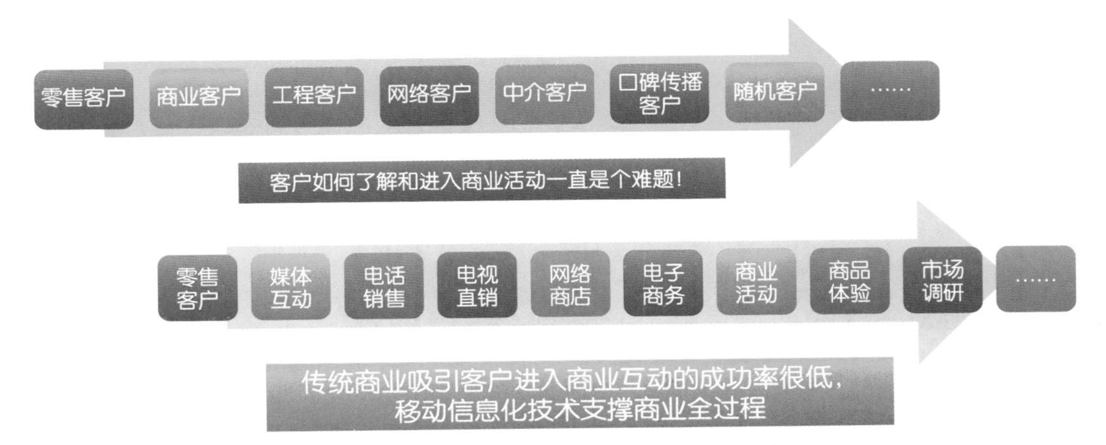

图5-6　移动信息化引导客户参与商业活动

移动信息化构建无限扩展的商业循环

过去的商业模式中，许多经验被固定下来，但由于其特定的历史环境，特别是模式化的思维及实践方式，使得企业在新的商业变化面前，急需突破固有的思维，并且寻找到最佳的策略、工具和实践方法。

商业中所有的行为都可以通过信息化的方式实现，移动信息化将为商业腾飞插上更强大的翅膀。

其实，只要六步就可以建立无限扩展的商业运营循环系统。这个商业过程的重点在于“无线”和“无限”，做完第六步的客户会再次参与这个循环。

“无线”的过程将有助于更多的客户使用手机终端完成商业过程。

“无限”是指持续的使用及对自己的社交圈进行传播，从而引发更多的使用。

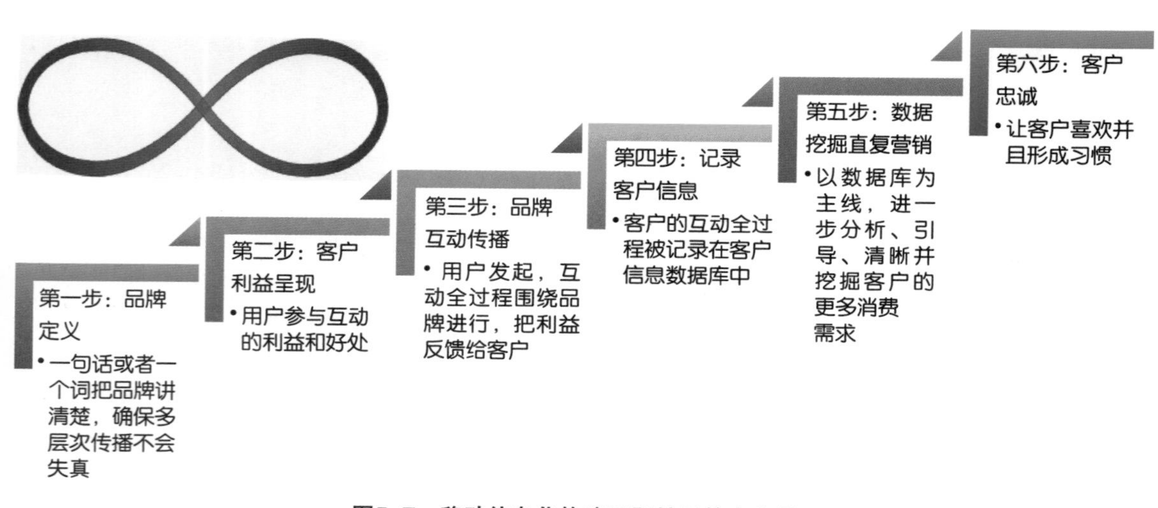

图5-7 移动信息化构建无限扩展的商业循环

客户有自主选择的权利

市场营销的最佳状态是让客户主动找到商家，传统基于假设的市场营销活动总是事与愿违，通过价格的变动吸引客户，只会带来痛苦的后果。

- 通过价格战提高了短期业绩，却伤害了忠诚的老客户。
- 推销与被动仍然是销售人员无法摆脱的困境。
- 商家主动关怀客户却无意中对客户造成骚扰。
- 销售人员讲不清楚价格变动的理由，会引发客户的不信任。
- 有吸引力的折扣使客户在没有折扣的时候不购买产品。
- 最有价值的客户间口碑传播和转介绍并没能发挥作用。
- 品牌传播无法开始和持续实现 。

从“推动”到“拉动”，从本质上讲，是使营销从被动到主动的转变。

- 如果一味地推动客户，就会陷入被动。
- 如果能够展示趋势，描述未来的场景，就会吸引客户主动向前进展。
- 推与拉的结合是实现销售的关键。

基于移动信息化设计的吸引机制，让客户主动找到品牌，以低成本、非人工介入的方式完成筛选客户的工作。

- 先启动自动筛选客户和自动传播的计划，使有成功机会的分母变大，从而增加实际成交的数量。
- 让客户在不经意间自己体验品牌、传播品牌。
- 客户最有智慧，实现不干预就能够完成沟通。
- 客户总是能够作出最有利于自己的选择。

基于信息化的商业模式设计必须了解客户，更要注重感性表达的互动机制设计。无限循环的信息化商业模式将带来持续改进与提升。

- 把对自己品牌感兴趣的用户数据库掌握在企业手中。
- 拥有最多的客户数据量，品牌就是第一。
- 客户数据量能够带来经济效益，促进品牌持续发展。

● 摆脱竞争，尝试深度挖掘这些数据，形成数字化品牌营销中心。

换位思考客户的需求，把所有商业行业都设计成为基于移动互联网的互动模式。那么，移动信息化将会在各行业和领域取得空前普及和巨大成功。

不使用推动策略，而是更多地使用拉动策略

优秀的互动机制是设计出来的，而且这种互动必须基于客户的体验，未来企业互动营销中心的任务是提供给客户可持续的、惊喜的、互动的、快乐的、难忘的经历。

移动信息化不能脱离传统营销和互联网营销而存在，因此，无论是推动或拉动还是两者的综合运用，都需要经过精心设计，完全符合企业和商业运营两方面的实际需求。

传统商业的推动策略主要应用于人对人约定（销售人员与部）这种方式的效果取决于人的能力；信息化商业的拉动策略主要应用于人对品牌沟通（客户与品牌），这种方式是客户主动响应，并导用信息化工业实现互动。

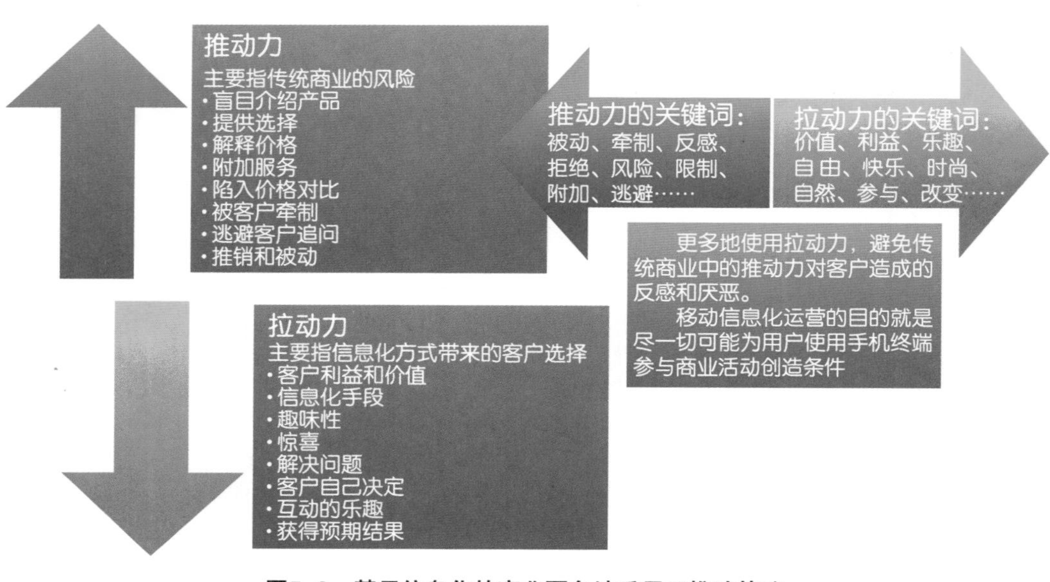

图5–8　基于信息化的商业更多地采用了推动策略

场景：客户体验都将通过手机终端完成

设想这样的场景：

当客户计划购买商品时，第一个想到的就是用手机搜索或发信息的方式寻找最新促销信息。

当客户进入店面的时候，销售人员告诉客户发送短信或拍摄二维码，就可以立刻拥有会员身份，会员可以在今后的消费中获得消费额累积，并可用于兑现礼物和享受折扣。

如果这样的商业模式大范围推广，那么未来的某些交易就可以完全通过手机进行实现，甚至不需要通过人与人面对面实现销售。

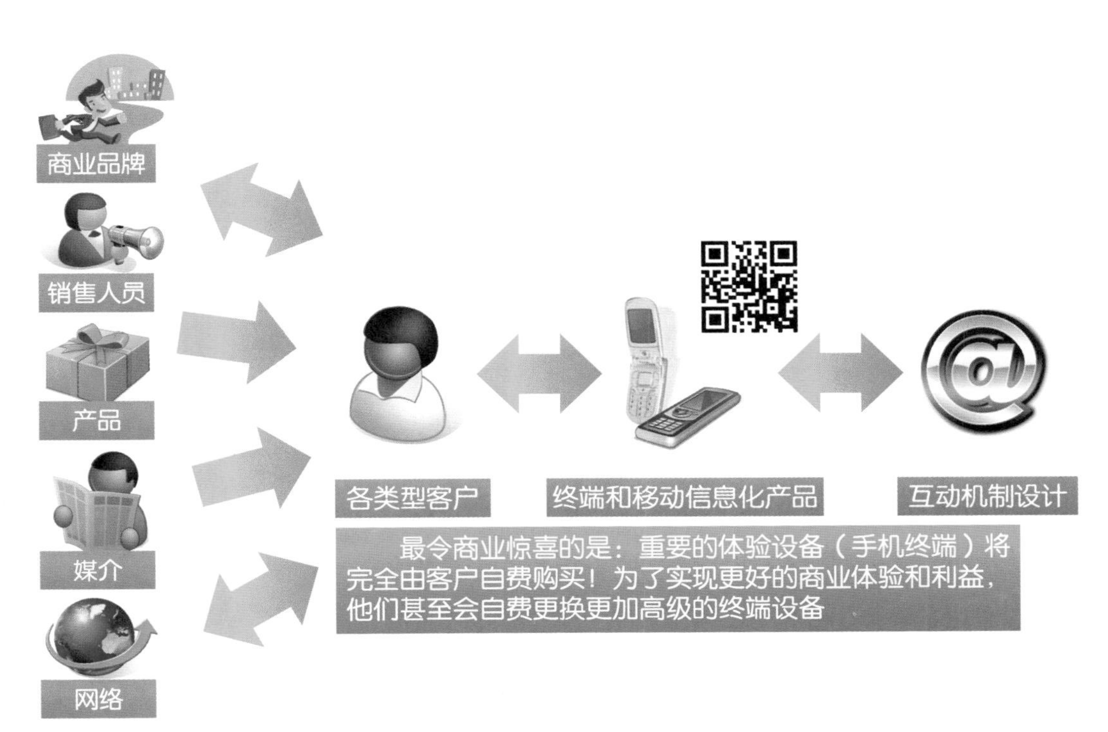

图5-9　手机终端完成客户体验和信息传播的必需设备

信息时代的客户信息采集创新

传统商业中，人与人的直接沟通总是充满了太多的变数，许多因素影响到沟通的过程和结果，客户信息的采集和管理过程显得非常困难。

成本更是客户关系管理的瓶颈，大规模的沟通需要配备更多的人力资源，同时人与人的沟通因为性格差异、情绪波动等，结果差异性非常大。

商业的成功主要取决于三点。

- 单位时间内有多少潜在客户进入销售环境。
- 潜在客户中的销售成功率有多高。
- 对于未成功购买的客户，我们用什么手段和方法与之保持顺畅沟通。

因此，现在迫切需要一种信息技术，能够迅速地完成潜在客户信息的收集和整理工作，移动信息化的出现让实时处理大量客户信息收集与管理成为可能。

- 在人员不干预的情况下，实现了客户的沟通，无形中拦截潜在客户的需求信息。
- 这是未来持续开展所有商业活动的基础。

自动采集、自动记录、自动汇总、自动分析、自动转换来自于客户的信息，并使互动成为实现客户价值的关键策略。

在信息时代，通过对客户互动信息和过程的掌握，企业就可以提前预见到客户的变化，并提前制定出应对和改善策略。

如果商业能多了解关于客户的5%的信息，就可能带来数倍的收益，而某些“独有”的信息往往会给企业带来惊喜，甚至使其在行业竞争中获得领先地位。

图5-10 信息化对传统商业营销产生的变革

移动信息化产品是引发商业客户参与的最佳工具

实现各类特征群体客户的精确分类，以及据此持续开展各类商业活动，是商业的终极目标。

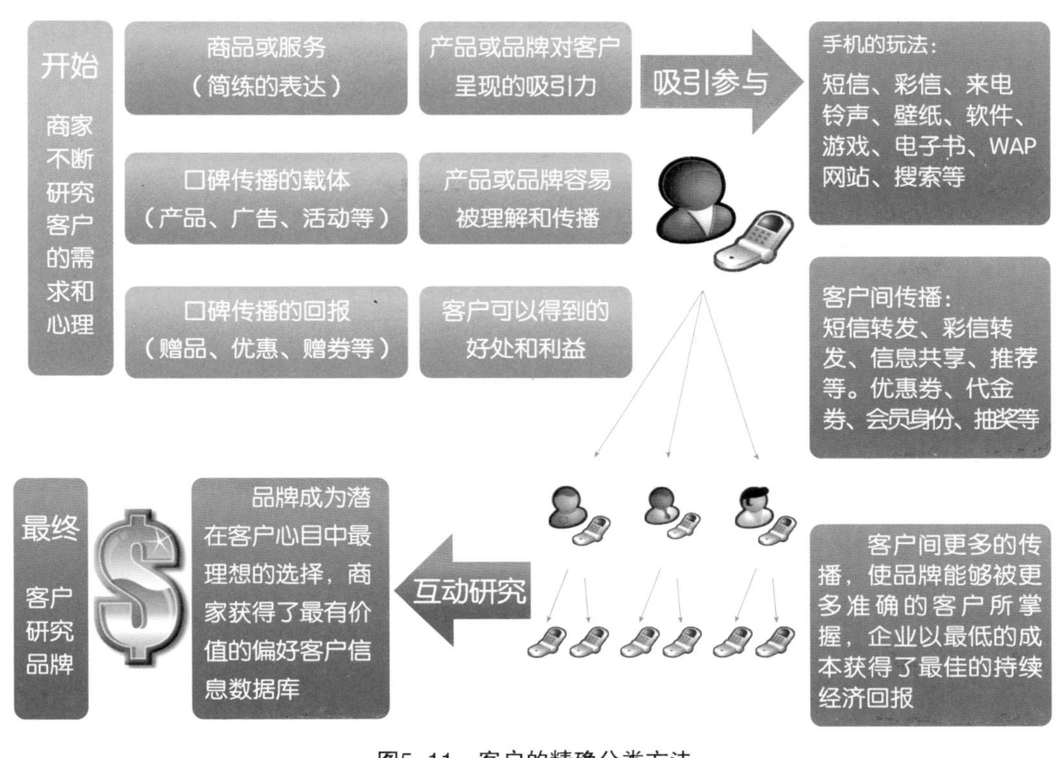

图5–11　客户的精确分类方法

虫洞理论：简化战略终端

1935年，阿尔伯特·爱因斯坦提出了“虫洞”理论。

“虫洞”是什么呢？“虫洞”是宇宙中的隧道，它能扭曲空间，可以让原本相隔亿万公里的地方近在咫尺。

科学家认为，如果研究成功，人类可能需要重新估计自己在宇宙中的角色和位置。现在，人类被“困”在地球上，要航行到最近的一个星系，动辄需要数百亿光年时间，是目前人类不可能办到的。但是，未来的太空航行如使用“虫洞”，那么一瞬间就能到达宇宙中遥远的地方。

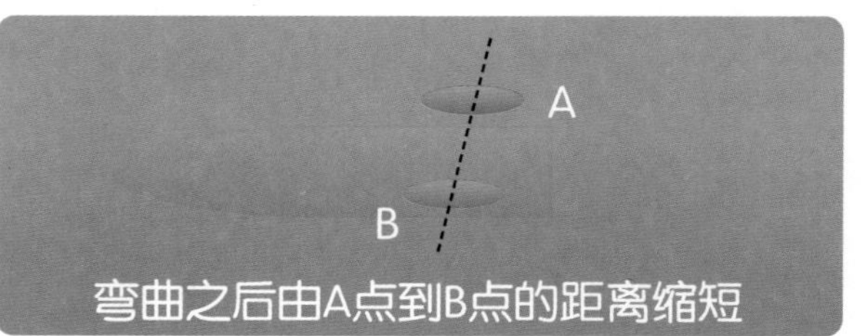

A：品牌　B：客户
或者可以理解为任意两个需要连接的点

图5–12　商业中的“虫洞”理论

想从一点走到另一点，按常规，只有一种办法，即沿着连接该两点的直线走去，直线是两点间最短的距离。

但还有一种距离更短的走法：把纸对折成两面，使两点靠得很近，甚至是粘合在一起。

因此，我们认为在两点之间，直线并不是最短的距离，缩短距离的关键在于改变思维模式。

移动信息化在商业中的应用，是“虫洞”理念的另一种实现，通过这种技术的应用，使品牌和客户之间没有距离。

商业模式创新，需要的不仅仅是打破常规，更重要的是弯曲自己的思想，弯曲客户的思想。

基于移动信息化的商业绝不是简简单单的互联网知识的平移，它必须基于正确地理解商业的本质，才能够实现使用移动信息技术改变商业的突破。

“虫洞”理论对移动信息化的启示

使用“虫洞”理论，有效减少品牌到客户的层级，这会为商业带来巨大的促进作用。

图5-13 传统商业借助信息化运营使商业活动更加简洁

- 降低经营过程中管理、监督、开发和传播的难度。
- 标准化日常和例行事务，使之不受管理层级的影响。
- 减少和逐步消除中间环节，加速客户价值的实现速度。
- 建立被客户驱动的自动化进程，获得新的商业推动力量。
- 商业模式流水线化实施可同步在所有终端实现。
- 增强各地分支机构的管理和行动协同，实现动态数据即时更新和获取。
- 规范和模块化的机制，使管理透明化。
- 任何互动都将被自动记录下来。
- 选择最有价值的客户，并将精力集中于他们身上。
- 建立新的企业价值链传递系统。
- 不断精益求精，寻求更优化的解决方案。

如果在商业中设计过多的人与人的环节和沟通机制，那么，任何一个环节的实施都可能会影响成功率。而基于移动信息化的商业系统是完全基于客户自发对商业推动的系统，这样就绕过了人对系统的干预。

商业要想快速打开新市场，让品牌占据市场统治地位，整合相关行业的资源并获得忠诚的市场和客户群体，就必须要建立和拥有可控制的移动信息化新商业模式。

复杂的中间层注定会被淘汰，直销和物流的快速发展，可以直接把产品送到客户手中，这也注定了未来商业经营的重点是客户第一次消费和今后多次消费能力，带领客户进入这个循环，并且经营这个循环，这是新型商业模式最关注的中心。

移动信息化作为一种技术、产品和服务，开始帮助企业整合资源，实现新的“圈地”目标。

- 移动信息化是一种技术，掌握了正确的方法，数据及回报才会接踵而来。
- 掌握获得动态数据库的原理、方法和渠道，而不是占有数据，静态的数据没有价值。
- 通过掌握客户终端数据来获得更多的资源整合机会，建造自己品牌的强大社区。

未来的商业客户会预见到自己的选择带来的结果，这个结果是自发的、主动的、自由的、惊喜的，客户将逐步地对移动信息化商业产生更高的忠诚。

商业摆脱中间层级，品牌才能直达目标

基于移动信息化的营销手段缩短了销售过程，清理了不必要的中间层级和环节，使品牌直达目标客户。

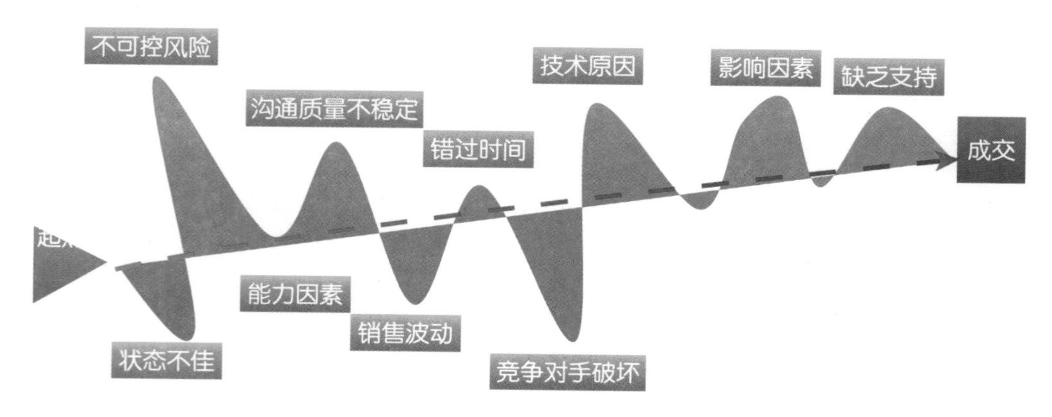

图5-14　影响商业结果的因素

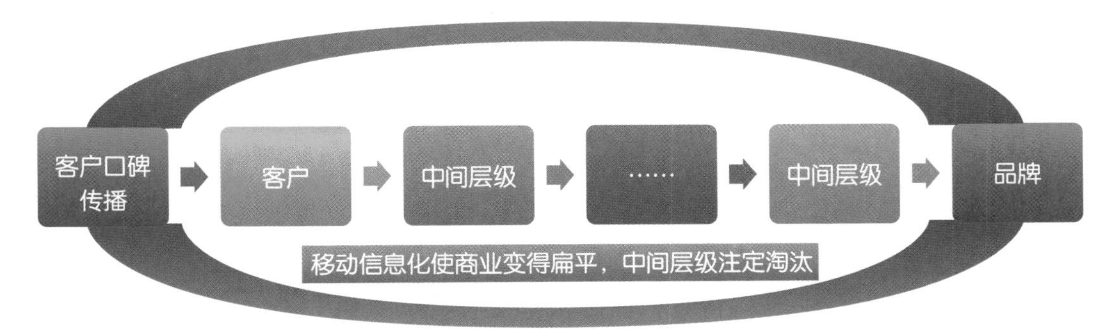

图5-15 客户直达品牌

从“推动”到“拉动”，从本质上讲，是使营销从被动到主动实现的前提条件，但只有当客户“不顾一切”地对结果产生强烈兴趣的时候，这种拉动才会产生价值。

基于移动信息化的营销方式，将改变品牌与客户之间的关系，在利益能够吸引客户的前提下，以最容易参与的方式使客户主动与品牌联络，而这个互动工作将完全不用人工参与，只需采用软件和系统预先设定的机制来完成这个过程。

传统营销的成本非常高，而且过程得不到控制，是风险最高的销售方式。

“嵌入客户心理”式的思考改变商业结果

传统营销获得客户，大多使用追的方法，或者花费巨资去等客户，受太多因素的影响，这种“守株待兔”方式的最终结果难以预料，对于企业而言，目标实现的风险极大。

基于移动信息化的营销使用了“嵌入”式思考，就是从客户角度假设客户最想获得的利益着手思考，这种利益一旦实现，能够让客户非常惊喜，从这个点出发，设计商业活动中的营销全过程。

在现有客观条件不变的情况下，如何降低营销的难度，让商业成功率得到提升，需做到以下几点。

- 通过让客户产生好奇心，让客户研究品牌。
- 通过呈现品牌价值吸引客户参与。
- 通过呈现客户利益，使客户“主动”找到我们。
- 通过有乐趣的方法（短信或扫描二维码），轻松地实现参与。
- 销售人员的工作由通常的人对人完成所有工作，转变成为只要引导客户收集信息，余下的流程即可由客户自己完成，并且在未来，更多的工作都由系统对人来完成。

图5-16 传统营销和嵌入式营销

基于信息化的商业多层级拦截

多层拦截技术使传播的源快速形成，并且迅速被免费传播。

移动互联网与商业的结合能够产生巨大的经济效益，实现企业价值的飞速传播。因此，传播和拦截的设计是能否实现图5-17中所述目标的基础。

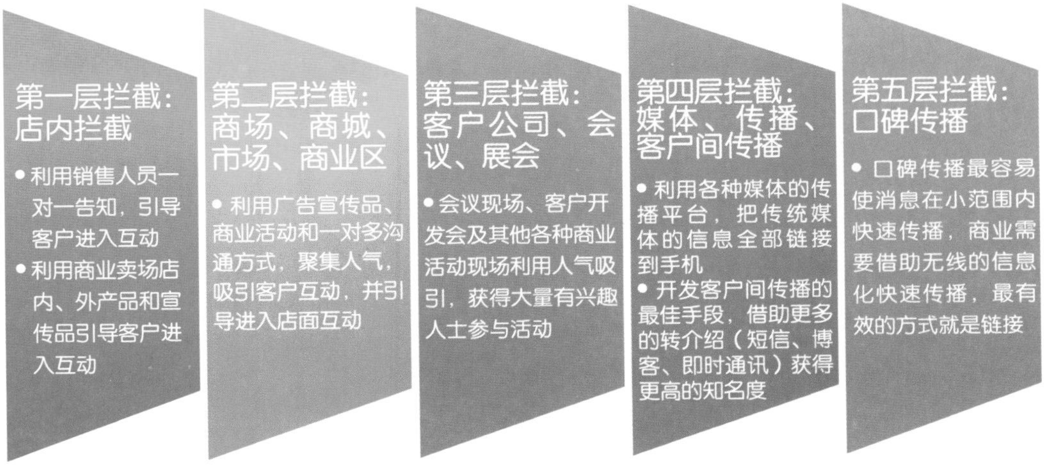

第一层拦截：店内拦截
•利用销售人员一对一告知，引导客户进入互动
•利用商业卖场店内、外产品和宣传品引导客户进入互动
第二层拦截：商场、商城、市场、商业区
•利用广告宣传品、商业活动和一对多沟通方式，聚集人气，吸引客户互动，并引导进入店面互动
第三层拦截：客户公司、会议、展会
•会议现场、客户开发会及其他各种商业活动现场利用人气吸引，获得大量有兴趣人士参与活动
第四层拦截：媒体、传播、客户间传播
•利用各种媒体的传播平台，把传统媒体的信息全部链接到手机
•开发客户间传播的最佳手段，借助更多的转介绍（短信、博客、即时通讯）获得更高的知名度
第五层拦截：口碑传播
•口碑传播最容易使消息在小范围内快速传播，商业需要借助无线的信息化快速传播，最有效的方式就是链接

图5-17 商业信息化可以实现多层级拦截

商业需求
就是源动力
客户的行动
商业互动策略
就是创造力
需求、乐趣、梦想、惊喜、挑战、自主、创造、憧憬、预知、愉悦、幸福、发现…
各种传播载体承载的商业模式都是为了实现客户与品牌的持续互动。
移动信息化的成功在于建立了各类资源的连接、互动和传播
价值、服务、产品、成果、手法、方式、内容、品质、感动、身临其境……

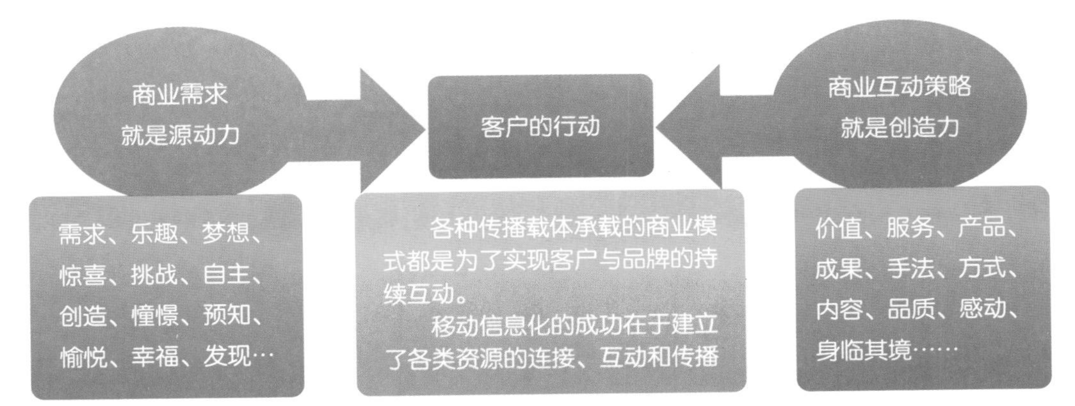

图5-18 传统商业平台是加载移动信息化的最佳平台

移动信息化就是用移动方式解决各行业的商业互动问题

我们对商业信息化的需求特征进行分析，可知其中包括三种信息的流动：营销信息流动、管理信息流动和服务信息流动。

以这三种信息流动为主线设计分行业的信息互动平台，可以满足任何行业的需求，这三种互动最终要基于软件化和平台来实现。

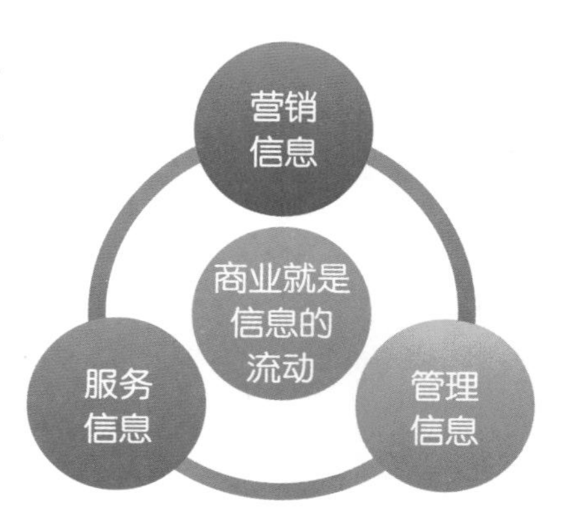

图5-19 商业就是信息的流动

移动信息化以商业活动和用户体验为主线，各有侧重点，从根本上帮助企业突破两大瓶颈——人的瓶颈与营销的瓶颈，从而实现商业的盈利和可持续盈利，持续增强企业的竞争力。

基于这个需求，运营商更需要的是针对行业的解决方案，有许多行业正在期待获得这样的商业信息化平台，包括汽车行业、家电行业、服装行业、娱乐行业、餐饮行业、商业卖场、教育行业、建材行业、图书出版、专业传媒等。

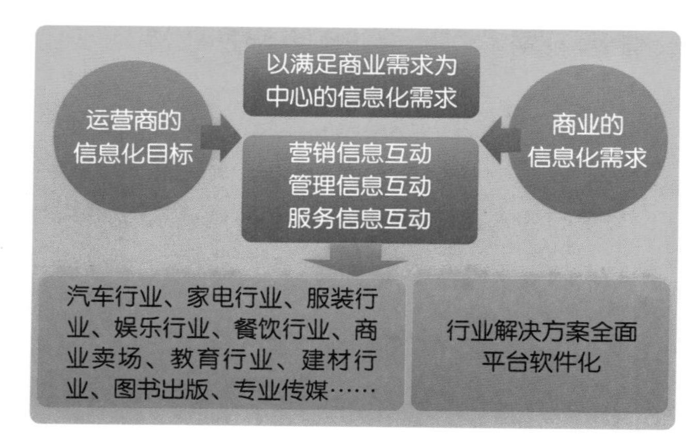

图5-20 行业解决方案实现商业营销、管理和服务信息的互动目标

移动信息化的本质是人、信息与物

移动信息化的本质是人、信息与物。

3G牌照的发放促进了移动互联网实现更快的传播速度、更广泛的覆盖空间和更稳定的网络服务，直接的服务对象是中国近8亿的手机用户。

三网融合实现了电信网、计算机网和有线电视网三大网络的一体化，提供了包括语音、数据、图像等综合多媒体的通信业务。

物联网通过传感器、射频识别技术、全球定位系统等技术，实时采集任何需要监控、连接、互动的物体或过程，通过各类可能的网络接入，实现物与物、物与人的泛在链接，实现对物品和过程的智能化感知、识别和管理。

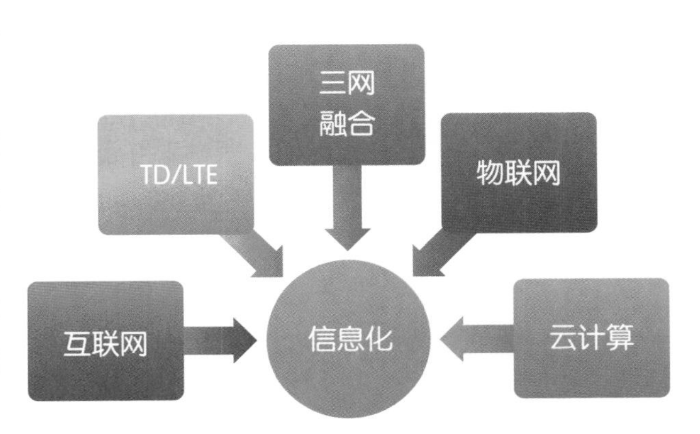

图5-21　移动信息化的本质是人、信息与物

这样看来，移动互联网在各行业中应用的本质就是信息的流动，随着网络的全面覆盖和技术的不断升级，当信息自动化水平越来越高时，商业就必须寻找成本更低的互动方法。

在现实应用过程中，最广泛的信息流动主要包括三种：营销信息流动、管理流动互动和服务信息流动。

建立正确的移动信息化应用模式，就能够实现对各类社会渠道的最终整合，如果把物联网理解为硬件建设的话，那么移动信息化就是最佳的应用软件平台。

以互动为主线的商业与信息化结合原理

基于移动信息化应用的思考是个双向和立体的过程，企业战略必须落地到执行，在设计时必须思考用户对信息化的需求和感受，以用户为中心设计信息化产品，这样移动信息化才能与商业和各行业真正结合。

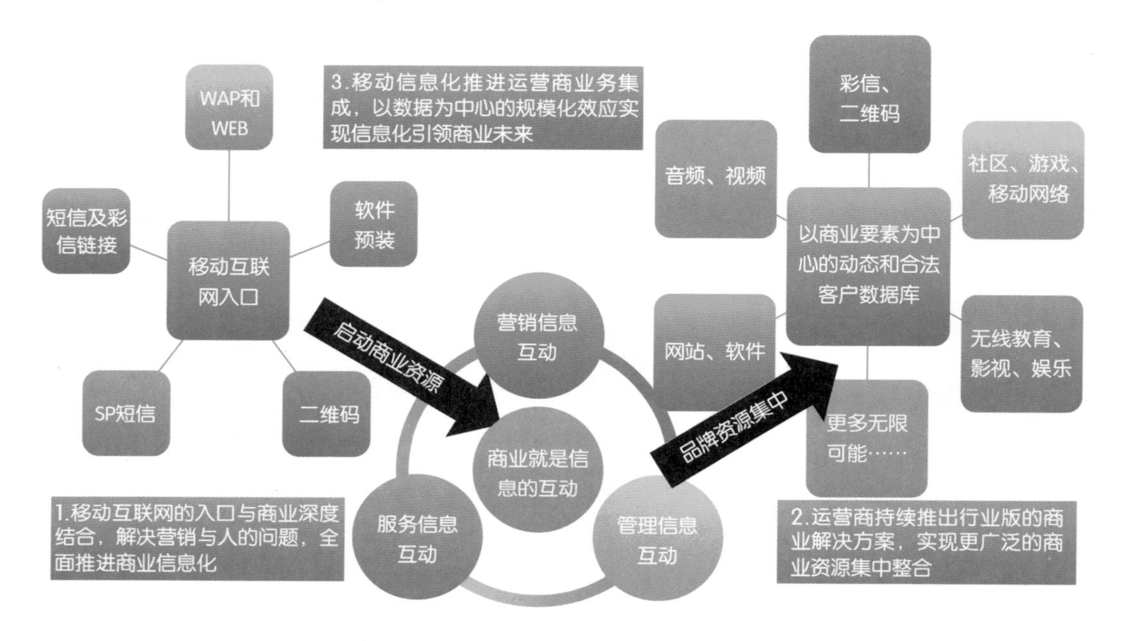

图5-22　以互动为主线的商业与信息化结合原理

激发和融合更多的商业与行业创造力

你的商业和所在的行业需要这些基于移动信息化的互动功能吗？

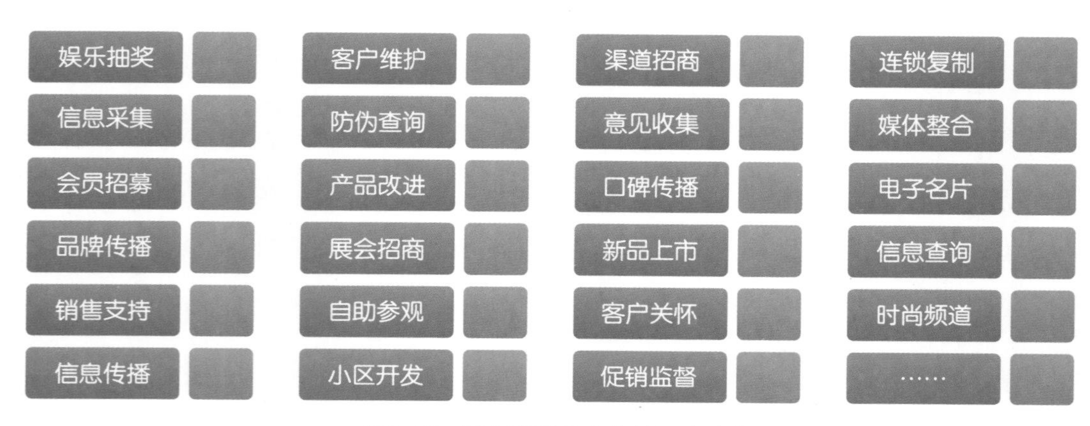

图5-23　基于移动信息化的互动功能

移动信息化不仅仅是一种功能，更是一种思想，只有当产品和功能是各类客户最需要的时候，才能够产生巨大的商业和社会价值，同时形成全社会分类资源的建立和不断的动态更新。

想象力比知识更重要，知识有限，想象力却环抱全世界。

——爱因斯坦

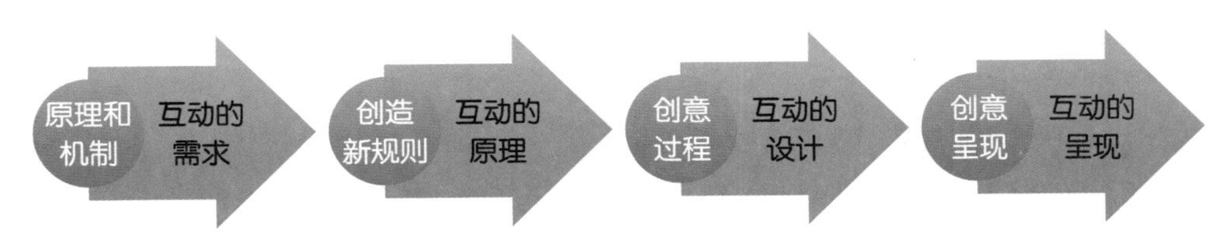

图5-24 基于移动信息化的无限互动能力

案例：利用客户手机开展营销的模式设计

品牌借助移动信息化产品引发品牌传播，通过利益吸引更多的客户通过多种信息手段传播给他的朋友，让他们也参与到品牌的互动中来。

图5-25 商业借助信息化技术可以预测结果吗

这样，品牌便获得了许多“免费”的销售人员，他们用口碑的方式帮商业作最有效的品牌传播。

但是需要注意：商业诚信比一切形式都重要！品牌所有的承诺都要兑现，否则将会出现可怕的负面影响。

另外，企业适用的商业互动机制需要经过调研、策划、测试和评估后才可以真正在商业中大范围推行。

移动信息化与商业相互促进

移动信息化结合商业的优势如下。

- 覆盖率高。
- 精准性强。
- 即时响应。
- 适用性广。
- 价格低廉。
- 形式多样。
- 内容丰富。
- 超越时空。
- 容易传播。
- 自动记录。
- 无限扩展。
- 多种增值。
- ……

图5–26　借助移动信息化技术，商业环境将发生天翻地覆的变化

传统商业依靠人与人的传播能力限制了企业的

发展，移动信息化的最大优势就是实现了人与商业的自动化对接。

每种正确的选择都是客户自己选择的结果，商业的风险因此持续降低。

移动信息化是跨时空与地域的超级链接

移动信息化是跨时空与地域的超级链接。

- 将远端和近端联系起来。
- 将上游和下游连接起来。
- 将买家和卖家对接起来。
- 将虚拟和现实连接起来。
- 将传统商业、互联网和移动互联网资源连接起来。

图5-27 移动信息化是跨时空与地域的超级链接

信息的快速发布和获取是这个时代的特征之一，只有跨越时空与地域的模式，才能达到这个要求，随着信息的极大丰富，用户对信息的准确性、及时性、可靠性等要求更为迫切。对快速和精确度的要求，可能会转变为提前。

在基于预测和提前供给的情况下，企业和商家打败竞争对手才成为可能。

- 客户互动记录的机制使品牌获得了预测客户下次消费行为的能力，这样，品牌的风险得到了有效控制。
- 从今天的角度看未来商业的风险，根本之处在于对未来的不可预测性，而不可预测是因为没有可参照的数据和没有了解客户的根本需求。

思考：基于无人干预的移动信息化带给商业的变革

无人干预的信息化模式如何改变高业呢？

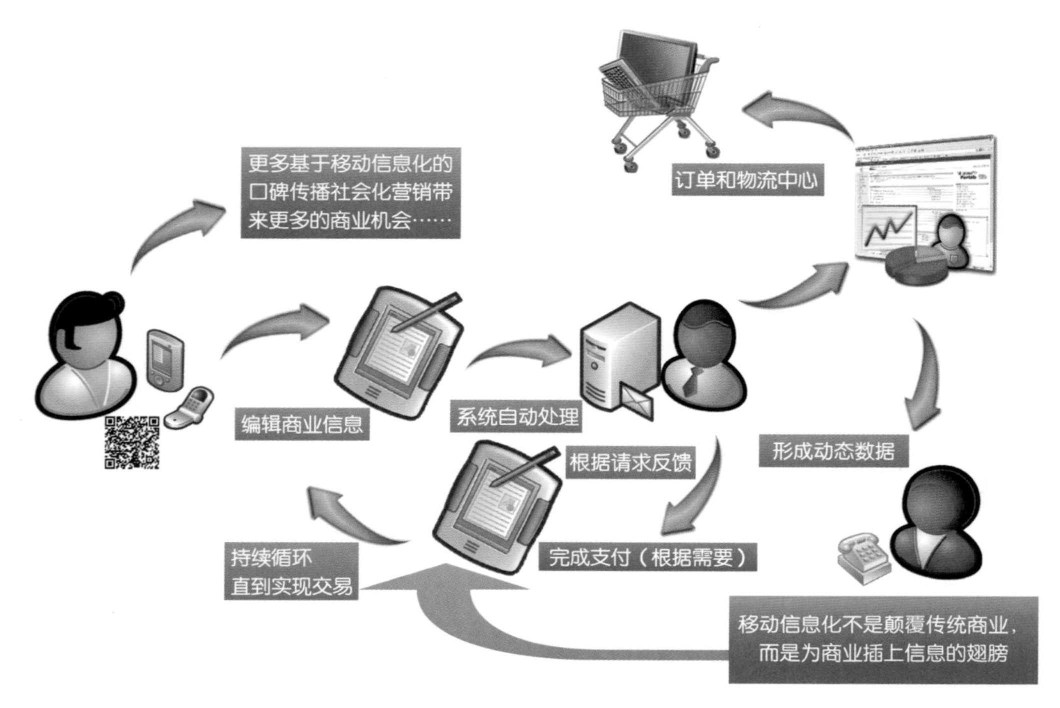

图5–28　无人干预的信息化模式改变商业

移动信息化技术优化了传统商业流程，关键在于突破了商业瓶颈，实现了商业运营体系的效率和业绩迅速提高。

这种机制同时优化和变革了传统商业中依靠人与人沟通的机制，这种新机制将引领企业持续成功。

基于从战略到终端的移动信息化系统设计

应用移动信息化最核心的工作是解决执行力问题，通过连接战略与终端，把复杂的营销问题变成每个层次和终端都能够操作的流程和任务。

- 高层的任务是正确理解移动互联网与商业结合的点，支持利用这种技术整合传统商业的流程；真正将构建战略终端作为企业的长远发展策略，为未来赢得发展空间。
- 中层的任务是支持、布署和安排移动营销与传统广告、促销、传播的结合；支持和教育终端销售人员掌握面对面进行客户互动的技能。
- 终端销售人员以活动、促销、吸纳会员等方式，使客户主动与品牌互动，客户通过享受利益或品牌给予的惊喜，加深对品牌的理解和体验，并获得未来长期持续的购买。

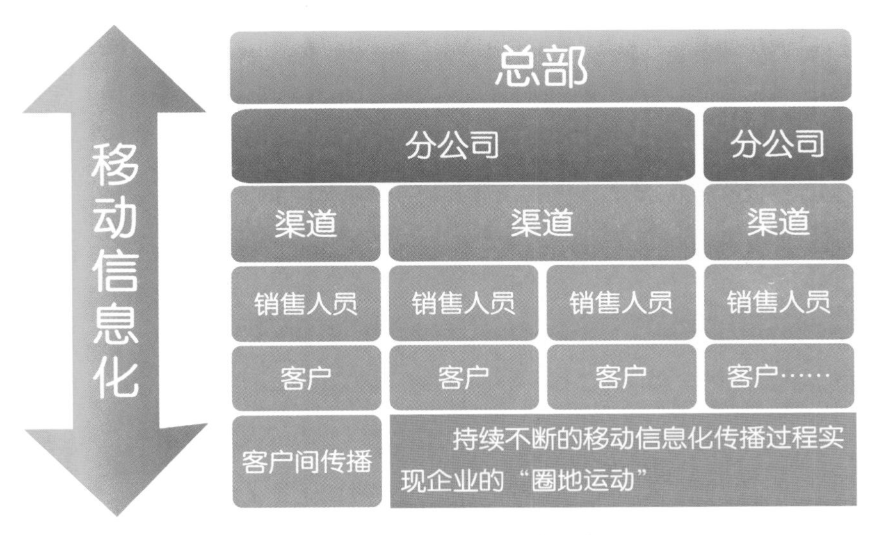

图5-29　移动信息化“圈地运动”

这是一个系统工程，通过无声传播与有声传播，获得企业最期待的持续盈利能力。

移动信息化在商业活动中使客户从满意到惊喜

传统商业的瓶颈是厂家和代理商及终端店面无法解决的矛盾，为了实现渠道的利益分配，产品需要标出高高在上的价格。实质上，谁都没有得到好处。同时，为了高昂的标价，每个环节都要付出巨大的代价来“维护”所谓的品牌价值。

客户满意	客户惊喜
向客户销售	客户喜欢
细心的介绍	传递有价值的信息
不确定需要	现在就拥有
解决问题	发现新大陆
已经满意	更多的额外刺激
高兴	与更多朋友分享
购买完成	购买刚刚开始
花钱	满足爱好
商业活动	圈子开始建立
品牌锁定客户	客户锁定品牌

传统商业带给客户满意，而移动信息化的正确应用将带给客户更多惊喜！

图5–30 移动信息化将加速品牌的成长速度

通过在商业中设计和应用惊喜策略，为销售注入时尚的元素，让每一个偶然购买或未购买的客户增强下一次消费的可能，这种从满意到惊喜的过程是设计出来的，而不能仅仅依靠某个销售人员的个人能力，这是可复制的成功销售模式。

惊喜是商业献给客户的礼物。每次购买的结束，不是销售的终结，而是下一次销售的开始。

传统商业带给客户满意，而移动信息化的正确应用将带给客户更多惊喜！

移动互联网催生新商业模式

在对传统商业中非常成功的企业商业模式进行持续深度研究后发现，引入移动信息化技术能够创造基于信息商业时代的创新商业模式。

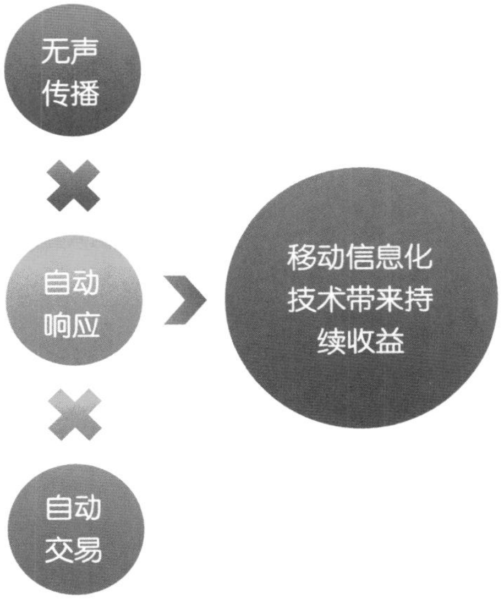

无声传播
自动响应
自动交易
移动信息化技术带来持续收益

图5-31　移动信息化技术带来持续收益

重塑商业盈利系统

创新拥有更具有优势的客户互动销售系统。在店面交易平台的基础上采集终端数据，成功建立呼叫中心交易、IT在线平台交易和电子目录邮寄交易平台。

挑战新服装销售模式

通过客户信息的自动获取机制，使更多的客户重复购买服装，并且会越来越容易销售出去。

通过呈现客户利益，获得客户主动参与，并且自动记录每次互动过程，自动完成准确客户的筛选过程。

重建新教育模式

不仅仅是为了授课，而是为解决现在和未来的问题提供知识和解决方案。

扩展而言，可以成为一个综合教育资源的整合和交流中心，满足更多层面的需求。

挑战更多的行业……

只使用传统广告业和促销成本的四分之一，却能够让销售实现大幅度提升，同时带给客户更多的惊喜。

消除中间层级，其实就是自动化完成中间处理过程，信息时代正在逐步、完全地改变传统的商业思维、习惯、策略和方法。

从今天开始，看到传统商业思维的误区和弊端，理解移动信息化的本质和价值，改变角度思考问题，使用移动信息化技术和产品，升级你的思维体系，升级你的商业系统。

移动互联网扩展了现实和虚拟经营的范围

基于移动信息化的应用使整个商业环境变成一个整体，为商业运营提供虚拟和现实的商业互动技术。

商业始终是以基于移动信息化来指导市场活动的，这些活动的内容是事先经过调研而设计好才开始实施的。

无限扩展的移动信息化应用被不断开发并在商业中广泛应用……

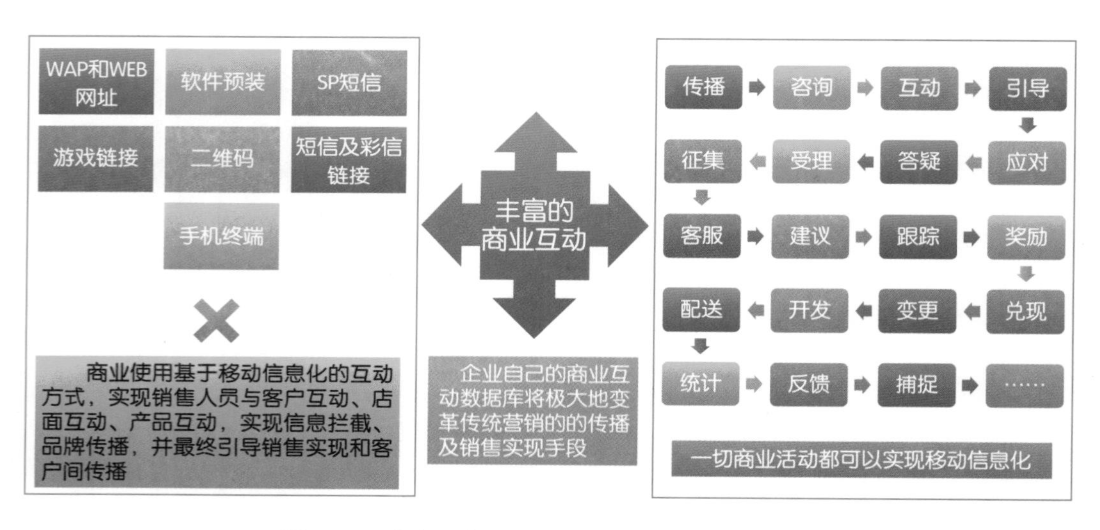

图5-32 移动互联网扩展了现实和虚拟经营的范围

移动信息化助力品牌建立虚拟数字社区

我们列举了一部分未来的各种社区和组织，你更希望你的公司最终变成什么样？

你看不到的东西，并不代表不存在，昨天，今天，明天，都是这样。

你有自己忠诚客户的数据吗？

如果有，没有什么不能销售的！

如果没有，明天怎么办？

重新定义！建立你的虚拟数字社区！你将成为所在领域的商业中心！

图5-33 构建基于移动信息化的M社区

行业信息化的无限扩展空间

行业信息化平台具有以下价值。

- 客户与品牌（C2B）互动的必经之路，是商业的新财富源泉。

- 借助信息化，商业信息跨越时空和地域，被链接到手机上。
- 帮助品牌建立经过细分的精准动态客户数据，使商业借助移动互联网，摆脱传统渠道的束缚，逐步变革为所在行业的中心。
- 移动互联网的入口与商业的结合，这是客户直达品牌的双锁定超级广告和在线交易平台。
- 为品牌提供商业互动平台，实现客户的低成本二次和三次营销。
- 企业将成长为所在行业的商业互动精准广告运营者。

通过可控的移动信息化平台来获取和管理客户，把品牌和理念传播给潜在客户和客户，帮助企业持续获得终端的忠诚消费客户互动数据。企业将根据这些数据实现重复消费、传播品牌，使客户直达品牌，自动化引导完成商业互动。

移动信息化将可以支撑任何类型的商业互动需求，满足任何类型的商业需求。

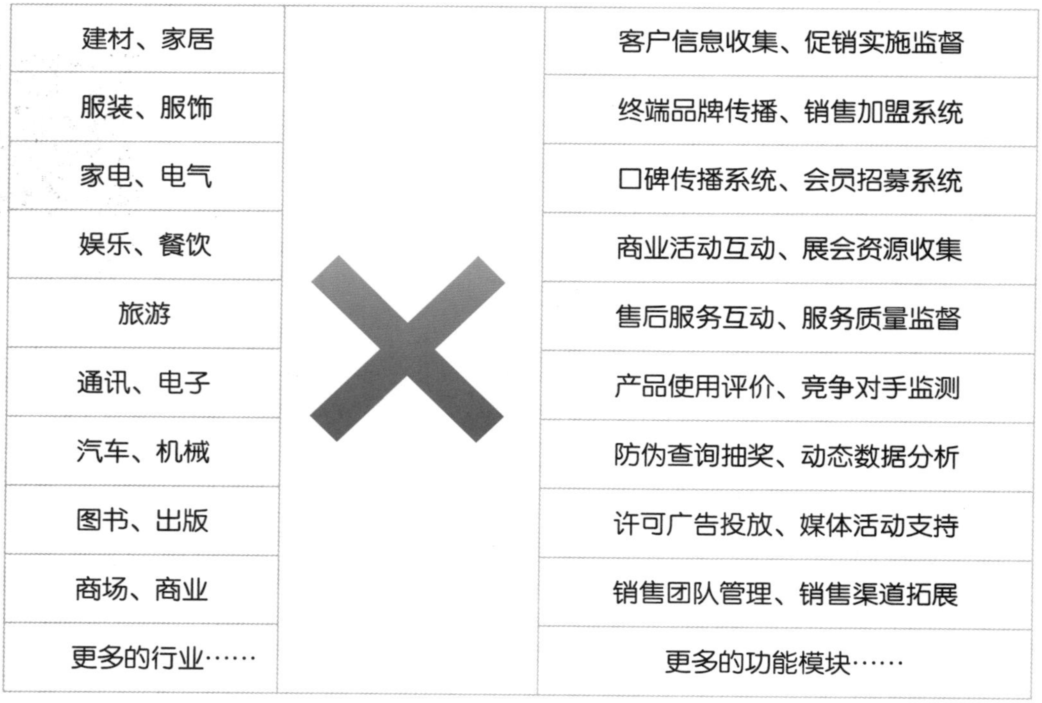

建材、家居	×	客户信息收集、促销实施监督
服装、服饰		终端品牌传播、销售加盟系统
家电、电气		口碑传播系统、会员招募系统
娱乐、餐饮		商业活动互动、展会资源收集
旅游		售后服务互动、服务质量监督
通讯、电子		产品使用评价、竞争对手监测
汽车、机械		防伪查询抽奖、动态数据分析
图书、出版		许可广告投放、媒体活动支持
商场、商业		销售团队管理、销售渠道拓展
更多的行业……		更多的功能模块……

图5-34 实现100个城市×100个行业×100种商业互动功能

移动信息化将扩展连接多种管理系统

在不改变企业原有运行机制的前提下，企业也可以实现移动信息化。

- 移动互联网的快速信息对等机制加快了企业各个管理系统和功能之间的响应速度，形成真正的“动态”和“互动”数据库。
- 这种机制将连接多种管理系统和模块，基于信息传播的过程，使企业的响应速度大大加快，在现有条件不变的情况下，实现更多的经济效益。
- 同时，这种管理系统的使用也是最简单的，只需要按照标准化和模式化的输入，就可以实现信息的采集和管理。
- 无人干预式的互动使快速处理大量信息成为可能，企业按照预先设定的模式自动获得信息互动。
- 这个连接的出现，使传统各个互不关联的管理系统产生了一个连接点，这并不会彻底改变企业原有的系统，而只是找到了一个最经济和快捷的入口。

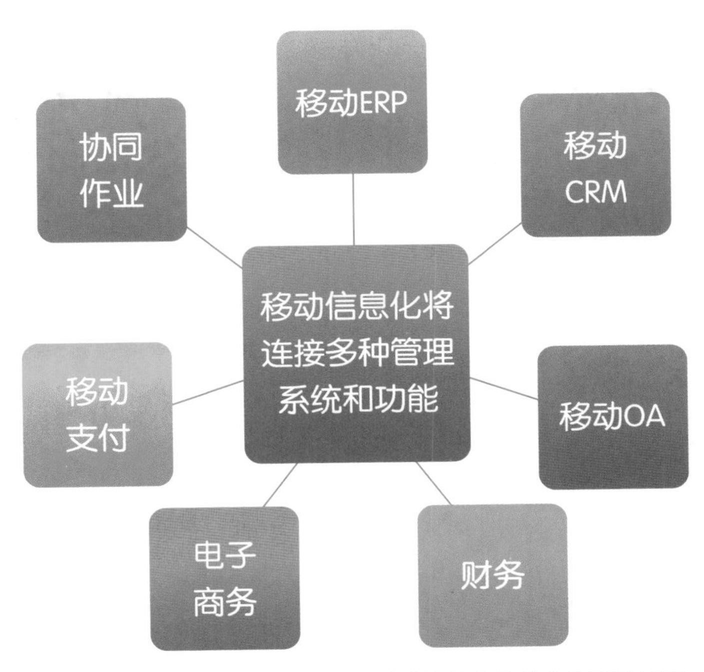

图5-35 基于移动信息化的商业活动就是各种信息的流动过程

数据的丰富、及时、动态和互动性，使移动信息化应用更加灵活，信息技术将为企业创造更多的价值，这使商业的无限扩展成为可能。

客户关系由CRM转向MCRM

CRM系统就是指客户关系管理。以客户为中心的客户关系管理，使传统以企业和生产为中心的营销格局发生改变，更加注重购买方的需求和感受。

加入M（molile）的MCRM是借助以移动互联网为基础的移动信息技术平台，会使更多的客户传播及管理形成集中，在经过互动之后实现部分客户的购买，同时也使得客户之间的口碑传播迅速扩大范围。

与传统CRM系统相比，MCRM更注重一对一的客户管理，又增加了对必然环节的人工干预，这两者的结合使商业效率不断提升。

移动客户关系管理不是像传统客户关系管理那样去主动地向用户传播，而是被动响应，这种看似缓慢的办法带来了新的客户满意和体验。

- 相对传统的商业互动几乎不产生费用。
- 客户互动过程完整地记录在数据库中。
- 全年365天×24小时无人值守。
- 简化传播、沟通、促进、支付等过程，缩短销售流程和提高效率。
- 摆脱时间、空间和地域的限制，口碑传播也不受任何限制，对象是更加准确的客户。
- 所有互动过的客户都被转换成合法的规模化许可传播号码库。
- 客户利益的呈现将全部实现电子化，以短（彩）信、二维码、验证码或链接的方式实现。

以合法的客户数据库为基础，构建基于手机为终端的客户关系管理，其关键在于信息的自动获取、自动处理、自动交互和自动管理。

基于数据的预测可以降低商业风险

商业经营过程中存在着巨大的风险，公司在运营过程中往往会遭到不只一种风险的袭击，掌握正确的降低风险的方法，不仅能够提高一个公司在竞争中获胜的几率，而且会使公司在风险无处不在的环境中长盛不衰，同时还能够使公司在非常不利的环境下反败为胜。

提高商业成功可能性的唯一方法，就是认识风险的存在及难度，并有效降低风险。

企业在应用移动信息化的时候，解决以下问题，可以显著提高成功率。

- 掌握品牌与客户互动的策略、工具及手段。
- 以经营客户的二次和多次购买为目标开展营销活动。
- 形成客户虚拟（或实体）俱乐部的稳定消费团体。
- 拥有自己全部的动态客户数据，以此为基础开展未来的新型互动营销。
- 掌握口碑传播的精髓，使品牌容易被传播给更多的潜在客户。
- 让客户提出需求，而不是揣测客户的需求，再给客户更多特定条件下的惊喜。

降低商业风险就能够提高成功的可能性。

企业将真正与商业融为一体，信息化为企业带来价值。

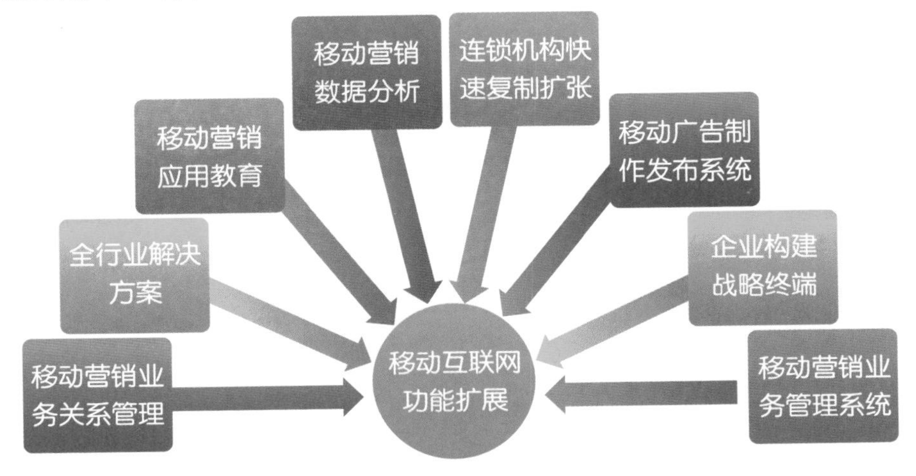

图5-36　移动互联网功能扩展

未来的企业都会有一个全新的商业互动中心，而且这种营销一定是基于移动信息化的互动中心。

持续研究品牌与客户互动将是品牌最值得持续投入的重要部分。

任何市场需要的功能都会被研发出来，其要点在于如何与商业连接。

移动互联网实现传统行业和互联网资源的最终整合

中国互联网络信息中心CNNIC于2012年1月发布了《第29次中国互联网络发展状况统计报告》，公布以下数据。

- 截至2011年12月底，中国网民规模突破5亿，达到5.13亿，全年新增网民5580万。互联网普及率较上年底提升4个百分点，达到38.3%。
- 中国手机网民规模达到3.56亿，占整体网民比例为69.3%，较上年底增长5285万人。
- 家庭电脑上网宽带网民规模为3.92亿，占家庭电脑上网网民比例为98.9%。
- 农村网民规模为1.36亿，比2010年增加1113万，占整体网民比例为26.5%。
- 网民中30-39岁人群占比明显提升，较2010年底上升了2.3个百分点，达到25.7%。
- 使用台式电脑上网的网民比例为73.4%，比2010年底降低5个百分点；手机则上升至69.3%，其使用率正不断逼近传统台式电脑。
- 2011年，网民平均每周上网时长为18.7个小时，较2010年同期增加0.4小时。
- 截至2011年12月底，中国域名总数为775万个，其中.CN域名总数为353万个，中国网站总数为230万个。

手机网民较传统互联网网民增幅更大，依然构成拉动中国总体网民规模攀升的主要动力。

互联网随身化、便携化的趋势日益明显。而商务交易类应用的快速增长，也使得中国网络应用更加丰富，经济带动价值更高。

企业在选择移动信息化或产品时，更应该正确了解移动互联网的本质。

在商业营销方面：用户的许多购买决策往往是在没有上网的条件下作出的，此时，如果用户使用手机快速地实现与商业（各行业）的及时连接与互动，并且这种模式是基于自动化和无人值守能够实现的，那么就从根本上避免了人与人沟通的不确定性，用移动互联网系统替代人力，实现了最有价值的用户体验，这种应用必然具有最广泛的商业价值。

在广告传播方面：通过移动互联网与传统营销的结合，可以实现链接所有平面、户外、网站和视频媒体到手机上，持续开展互动个过程是由客户发起的，由移动互联网平台响应。

在直复营销领域：数据库就是一切，不是品牌找到的客户数据，而是客户通过移动互联网找到品牌，被自动记录的互动和动态数据库是未来商业最有价值的部分。

在商业模式设计方面：由客户主动发起的互动请求，帮助企业自动化完成信息互动的中间处理过程，传统企业需要付出最多资源的传统方式正在被移动信息化替代。

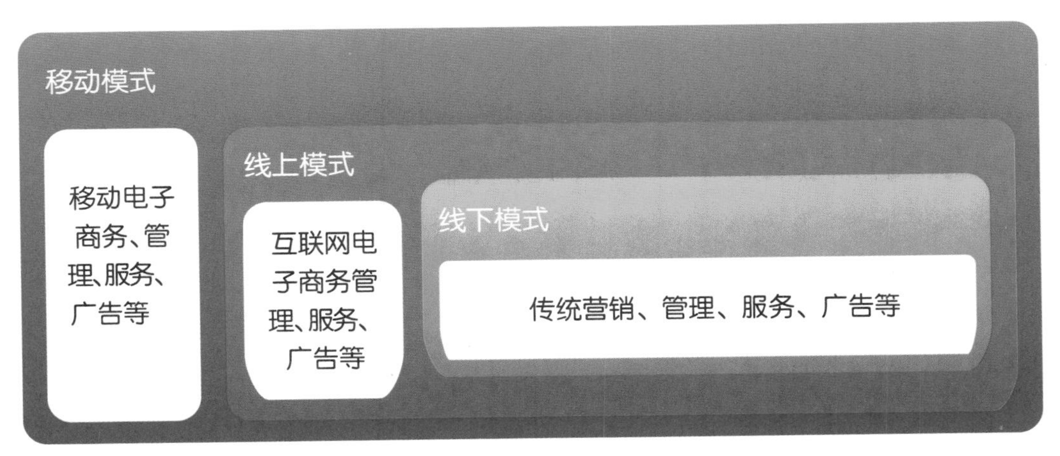

图5-37　移动信息化支撑多种商业模式取得最佳收益

移动互联网将从根本上整合传统商业和互联网，包括线下部分、线上部分和移动部分。

这三者的关系应该是互相补充、延伸和统一，随着移动互联网的成熟、普及和广泛应用，用户的习惯养成之后，会产生更多的新兴互动模式。同时，基于移动信息化的商业互动设计和运营将是每个企业的必修课。

商业信息化模式化创新，打开商业新天地

突破传统思维的框架，就像Photoshop软件一样，理想的商业模式创新具有丰富的行业应用模板，可以像一张画布一样为你提供丰富的想象空间，并且把任何行业的想象变成现实。最终形成基于数字化的客户关系管理，并以此为基础重新定义企业的数字化战略，同时一个个全新的全行业数字化版图被呈现出来。

这将会是一个伟大的创举，既激活了移动互联网产业，又实现了商业的迅猛发展。

移动信息化技术不是客户最终购买的产品，而是满足客户对信息的需求，并让他们对信息获取形成习惯，产生信赖，这才是商业信息化的终极目的。

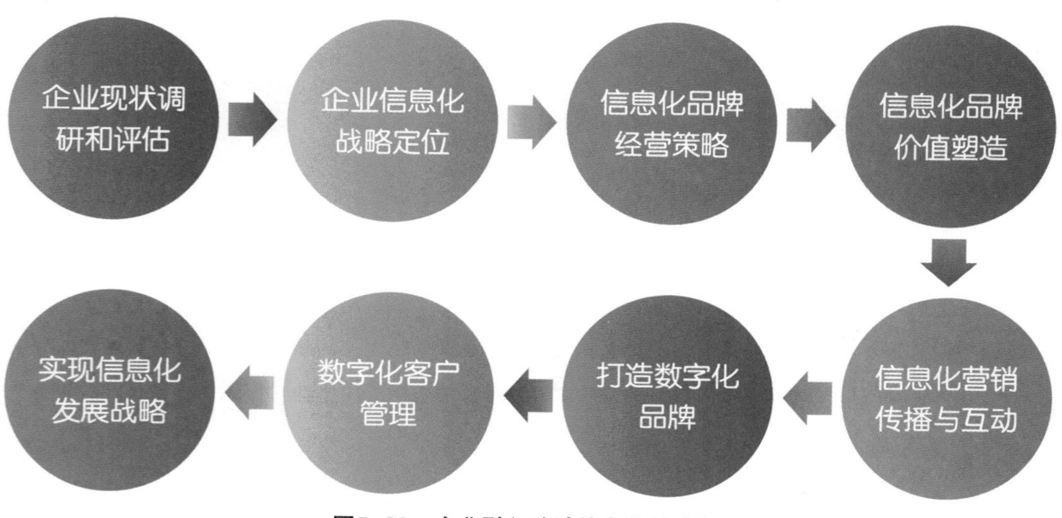

图5-38 企业引入移动信息化的路径

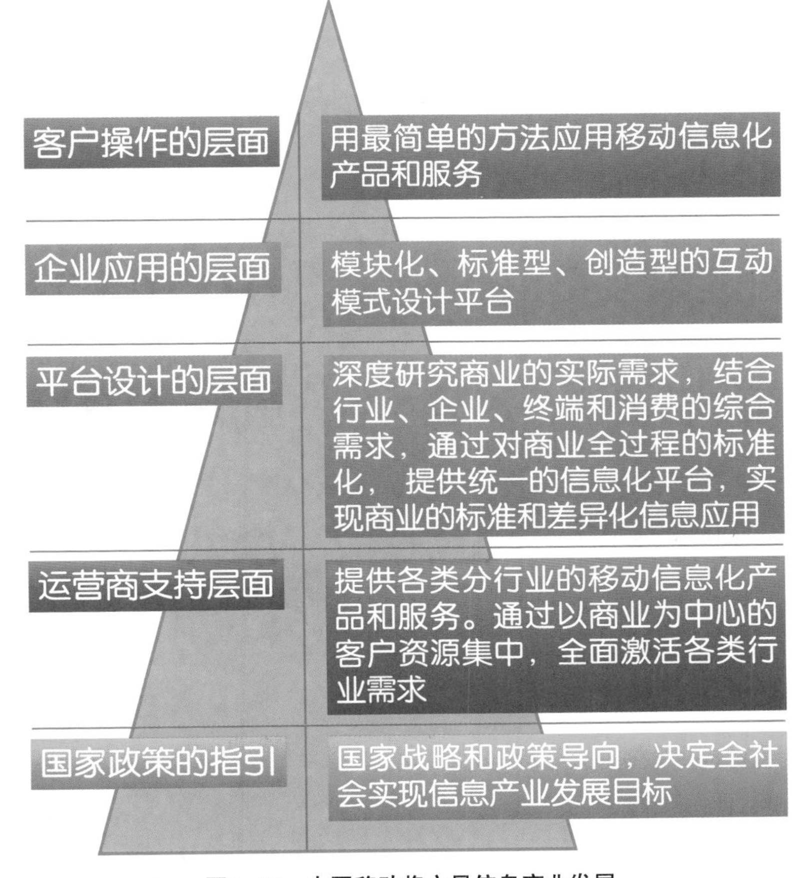

图5-39 中国移动将主导信息产业发展

本章思考和讨论

配合本章的内容请思考和讨论下列问题：

一、为什么数字是传统商业管理的极限？

二、移动信息化如何创造品牌的个性化差异？

三、移动信息化怎样帮助商业行为变成一个“流”？这个“流”是什么？

四、移动信息化带给商业的丰富多样和娱乐化主要表现在哪些方面？

五、什么样的互动使客户更乐于使用信息化方式参与品牌互动？

六、移动信息化营销与传统营销相比的优势有哪些？

七、移动信息化如何引导用户参与商业活动？

八、如何形成移动信息化的商业循环？

九、推进与拉动策略如何影响用户选择？

十、“商业就是信息的流动”，你如何理解这个命题？

十一、未来商业的竞争在于谁能够“免费”使用用户的终端设备获得发展，你认为哪些信息化产品可以实现这个目标？

十二、客户信息的自动化采集有哪些方法？

十三、“虫洞”理论对于发展移动信息化的启发是什么？

十四、移动信息化怎样缩短传统商业的层级，实现用户与品牌的直达？

十五、商业如何借助移动信息化产品实现“拦截”用户？

十六、讨论并列举各行业对于商业互动的需求。

十七、移动互联网与商业的结合，将会催生哪些新型商业形态？

十八、移动信息化在实现现实和虚拟经营方面的作用是什么？

十九、如何解决“垃圾信息”和“不良信息”问题？

企业借助信息化技术获得发展，拥有自己的信息互动平台，实现持续传播和盈利。

绿色新媒体的模式符合国家的响应与号召。合理地使用信息，将为个人、企业、行业和国家创造巨大的价值。

第六章
移动信息化定义绿色新媒体

信息媒体发展历史

至今，信息媒体的发展一共经历了五代，分别为：报纸、广播、电视、互联网、移动互联网。

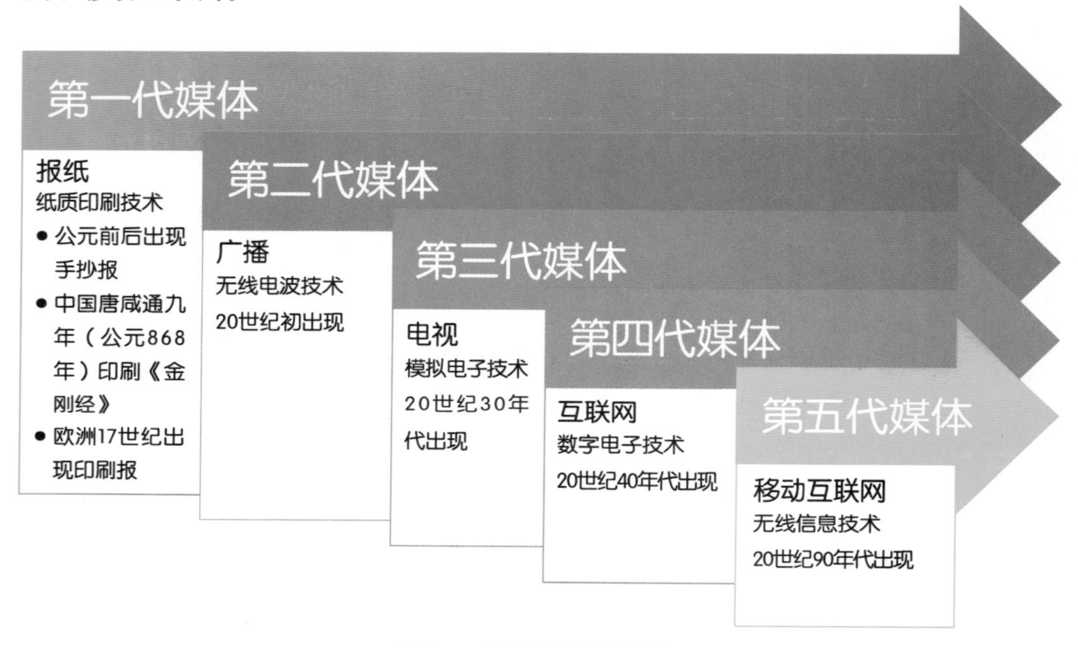

图6-1　信息媒体发展历史

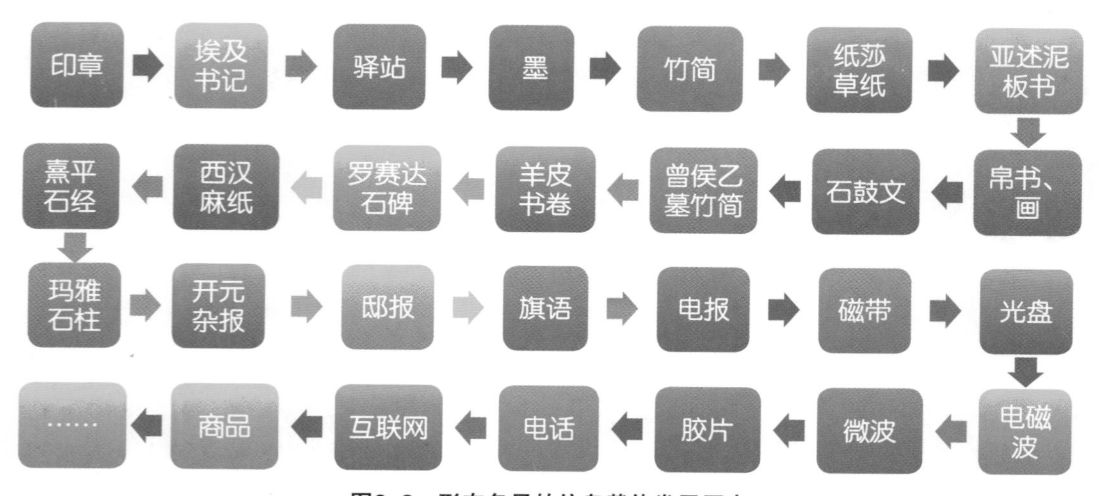

图6-2　形态各异的信息载体发展历史

新型媒体的种类及其特征

新型媒体的种类很多，根据其载体可细分为网络新媒体、移动新媒体、数字电视新媒体和户外新媒体等。

数字技术是各类新媒体产生和发展的源动力；融合的宽带信息网络，是各种新媒体形态依托的共性基础；而终端移动性，是新型媒体发展的重要趋势。

网络新媒体

门户网站、搜索引擎、电子商务、网络社区，RSS、电子邮件、即时通讯、对话链、博客、播客、微博、维客、网络文学、网络动画、网络游戏、网络杂志、网络广播、网络电视、掘客、印客、换客、威客、沃客等。

移动新媒体

手机短信、彩信、WAP、手机报纸、视频通话、数字出版、手机阅读、手机电视、手机广播等。

数字电视新媒体

数字电视、IPTV、移动电视、车载电视、楼宇电视等。

户外新媒体

隧道媒体、电子屏、信息查询媒体等。

新型媒体领域综合涵盖了数字化技术、通信技术、网络技术和IT技术等，改变了商业、娱乐、教育等各领域的使用习惯，具备传统媒体的全部特征，使用数字化技术传播，通过各种类型的网络进行覆盖。

新型媒体实现了对传统媒体的升级及与商业的进一步融合。

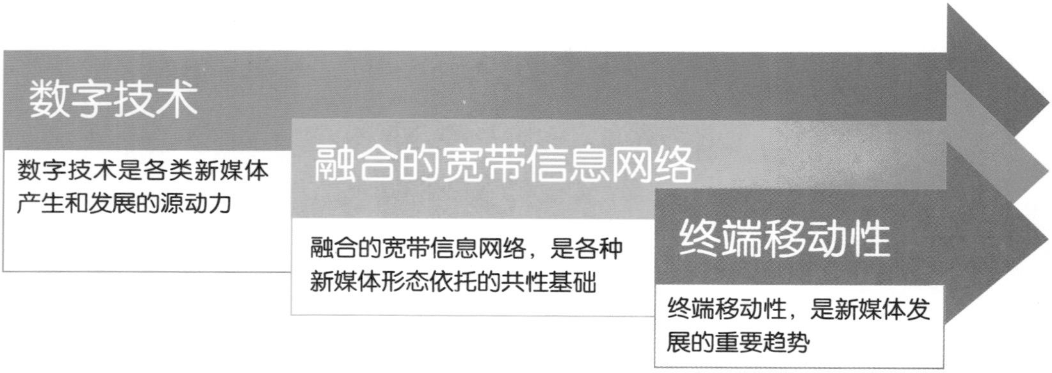

数字技术
数字技术是各类新媒体产生和发展的源动力
融合的宽带信息网络
融合的宽带信息网络，是各种新媒体形态依托的共性基础
终端移动性
终端移动性，是新媒体发展的重要趋势

图6-3　新型媒体发展趋势

移动信息的平台化与媒体化策略

思考这样一个问题：

如果语音和短信资费随着竞争不断下降，更多地替代文字、图片和视频产品成为主流，运营商推出的“杀手级”业务将是什么？或者，最终将沦为“通道”，只收取微薄的流量费，而让丰厚的移动信息化应用收益流入他人口袋的业务会是什么？

成功的信息化最显著的特征是平台化和媒体化，这种平台化和媒体化与人们的生活和工作密不可分，吸引了商业和品牌的投入，这也是互联网的信息化成功模式。

在以移动互联网为主流的信息时代，这种平台化和媒体化的焦点必然将更多的用户吸引到手机上，在手机之上产生巨大的经济效益。这样一来，商业和品牌也将全心投入移动互联网平台之上。

这是一个相互促进与发展的过程，因此，运营商如果不能够在未来搭建并且成功运营这样的平台化与媒体化平台，那么终将沦为“通道”。

从运营商到终端制造商，乃至内容服务提供商和传统媒体，移动网络的参与主体们各自通过积极探索，形成了独特而又具有示范效应的商业模式。

因此，运营商对基于移动信息化的媒体必须要重新认识和行动。

运营商必须要搭建平台化与媒体化的移动信息化产品商业营销平台，才能够在未来取得最大的成功。

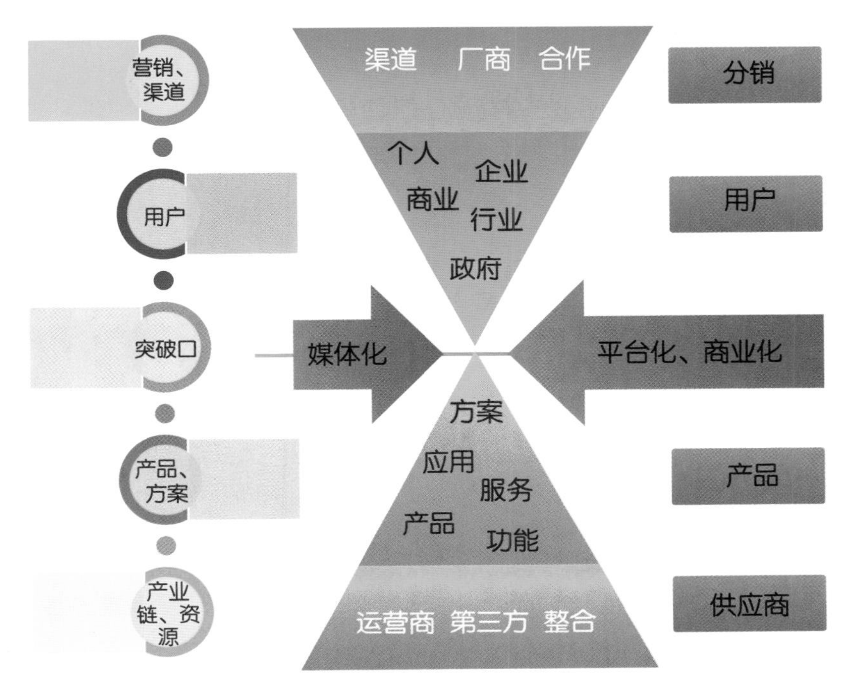

图6-4 移动信息的平台化与媒体化策略

移动新媒体在商业中的应用无处不在

电视、广播、平面以及互联网等传统媒体都无法准确描述他们的受众，基本上无一例外地都会采用地毯式轰炸，其结果就是为得到准客户成本高得离谱，而且传统的广告形式之间缺乏关联和连续性，一旦投入就无法继续产生收益。

在过去相当长的时间内，广告主不得不忍受这样效率低下的宣传。

而在移动新媒体的平台上，无论是任何类型的报纸广告、户外广告，还是电视广告，都能通过与移动互联网广告进行连接，通过与基于移动信息化的媒体配合，使广告受众跟广告内容，甚至是商家、品牌、产品都互动起来，让广告主跟目标受众亲密接触，让每一个广告不再是告知，而是一种深入参与和互动，牢牢抓住目标受众。

截至目前，还没有哪一种方式能够如此深入地与客户互动，能够把任何类型的广告通过互动的方式链接到手机上。

客户的习惯养成需要特定的环境，基于大量的客户访问，被正确传播的次数越多，就必然会越多地增加品牌收益。而参与越早的品牌，就越容易率先实现企业的“圈地运动”，在商业中掌握先机。

移动新媒体突破传统品牌在媒介投放的瓶颈

初期的市场营销是非常简单的，那时无论做什么，都是围绕着广告、公关、促销，通过支付一些费用，购买时间、空间来进行促销，并期望从中得到销量和改善。

传统的广告模式总是太过于从自主理解的角度出发，期望通过改变客户的思想、客户的行为而获利，但都不尽如人意。

通过在媒体中投放广告来聚拢客户，并根据目标客户来选择媒体，这本身是一种正向的思维，但实施过程中无法预料最终效果将会如何，这是传统商业、赌博和浪费的开始。

我们试想，有多少信息推送给了客户之后，反而引起了客户的反感?

商业客户在选择媒体时，只注意广告媒体类型的选择和受众量，但最终并不知道到底有多少人看到过这些广告，以及这些广告产生了什么样的效果。

实际上，企业最终将不知道自己选择的媒介投入及营销模式是否有效!

后来，广告业的变化又逐步出现了搜索引擎、网络、短信、DM、直复营销、电子商务等方式，品牌的传播相应有了一些变化，但最终，品牌在广告业的表现仍旧是在推送、传播，其根本问题——没有实现用户和品牌之间的连接，却没有得到解决。

传统品牌与广告业关系的本质仍然是矛盾的，互动的机制仍然难以大规模实现。

任何一种媒体都是时代潮流的产物，惯性思维的存在使许多人不愿意接受通过网络或其他途径产生的变革，现在更多的企业正面临这种挑战，这个挑战就是品牌将如何正确利用移动新媒体实现发展。

仅仅实现了广告平台的平移，仍很难对商业产生真正的变革。

- 在未来，只有帮助商家获得最准确的客户数据库，并且为客户互动提供执行平台和方法的公司，才能够获得更大和更好的发展。
- 仅仅拥有所谓的庞大数据库和资源是不够的，关键在于获得数据的来源和如何使用这些数据和资源设计信息化商业。

移动信息化技术将帮助商业建立自主、动态、循环及越来越精准的数据库，同时也拥有自己的信息互动平台，满足一对一个性化互动的需求将变得非常容易。

传统广告业对移动新媒体理解的误区

传统广告业对移动互联网领域的理解，有以下几种误区。

- 在普通的电脑屏幕上可以安排10个广告，在手机小小的屏幕上，却只能安排下一两个广告，这样的广告形式需要考虑客户的感受及效果。
- 认为手机上的广告要比电脑上的广告来得有效，但是将不恰当的广告强行推送给准客户，广告的作用是相反的，被激怒的客户强化了对品牌的坏印象，并产生抵触心理。
- 认为购买了经过分析和筛选过的准确客户数据库，就能够开展所谓的精准营销，实际情况是这些分类标准并不准确，而且客户群体从本质上和品牌没有任何关系。
- 认为获得好的业绩的原因是因为在合适的时间和地点，选择了合适的媒体，针对了合适的客户群体。
- 认为对客户的消费轨迹进行分析，有针对性地投放广告，就能够取得好的业绩，实际上，客户并不能确定自己的下一次消费行为。
- 想通过搜索引擎排名获得客户的行动，实际上，还需要客户之前知道这个公司或品牌，因此，这并不是理想的广告投放方法。

因此，要想在移动互联网领域取得突破，就必须深入思考整个商业的变革，销售的实现不是因为商家想卖，而是因为客户想买。这样，从客户的角度思考，才能够为移动新媒体的发展找到正确的思路。

移动新媒体的成功，需要具备以下条件。

- 让客户产生好奇心。
- 呈现品牌价值让客户参与，品牌价值能够体验，就会成为现实价值。
- 通过呈现客户利益，让客户找到品牌。
- 通过有乐趣的方法使客户互相之间传播。
- 客户以最简单的方式和“自备”手机终端参与商业活动全过程。
- 多种媒体和营销人员的引导让客户参与互动并记住品牌。
- 企业逐步拥有自己的客户数据，借助移动信息化媒体，品牌和客户双方产生无限的信息交流，运营商最大的经济利益源泉由此形成了。

移动信息化技术促进了商业与客户信息对等，了解客户不断变化的注意力，让客户成为决策的主角。

移动信息化将改变媒体竞争的游戏规则

我们身边的很多信息触手可及，丰富的信息带来两种非常尴尬的现实。

一方面，商业的信息被正确传播到准客户面前的可能性非常低，由于准客户时间和精力有限，如果当时没有对信息作出反馈，未来再作出反馈的可能性几乎为零。

另一方面，客户在选择自己感兴趣的信息时，却面临了巨大的风险与不确定性，通过搜索引擎或分类广告，获得的信息缺乏信任感，因为信息不对等，仍然难以形成互动机制。

传统商业大多还处在对新媒体理解的初级阶段。

- 在投放网络广告的时候，不知道客户浏览了哪些内容，还希望了解哪些内容。
- 在投放纸媒广告的时候，不知道究竟带来了多少客户到店里，不知道购买成功率是多少。

- 在投放路牌广告的时候，不知道究竟有多少客户看到了内容，并且想了解品牌或产品。
- 在投入电视广告的时候，作为招商或鼓励经销商之外，很难知道到底对哪些客户产生了作用。
- 随着信息的日益丰富，商家、广告商以及广告代理商等都需要适应这个变化，寻找适合新型客户消费习惯的整体解决方案。

基于移动信息化的广告模式，完全不是传统广告业中的投放和发布概念，而是完成“可以信赖”的信息化流程，实现客户双向互动传播计划。

这是以移动新型媒体为载体的客户互动传播机制，把任何类型的媒体都连接到手机上，通过这一入口来实现所有的商业意图。

这种方式能够抓住商业中的兴奋点，并调动客户的实际参与和购买行动，这个点将具有极高的商业价值。

图6–5　媒体、企业和客户三方缺少有效互动

移动新型媒体将所有平面和视频内容链接到手机上

传统的媒体之间的关联程度不高，而通过移动信息化与传统媒体的结合，则可以链接所有平面、户外、网站和视频媒体到手机上，持续开展互动。

- 这种完全依靠“基于自主需求”或者称之为“按需求获得”的客户自主连接模式，对于商业而言是最经济的方法。
- 商家几乎不需要任何成本，只需要在公司日常例行的广告形式上做一点点变化，就可以取得这种“超级跨时空链接”的效果。
- 移动信息化产品帮助企业自助完成了客户的“筛选”动作，而且，几乎所有“主动找上门”的客户无非有两种原因：感兴趣和有需求。

只要参与的准客户与品牌有一次连接，就能够锁定客户，商业圈地的过程就完成了，商业的价值呈现巨大的增长。

企业通过移动信息化产品和服务持续开发客户，将是产生信息化商业的主流媒体形态和趋势。

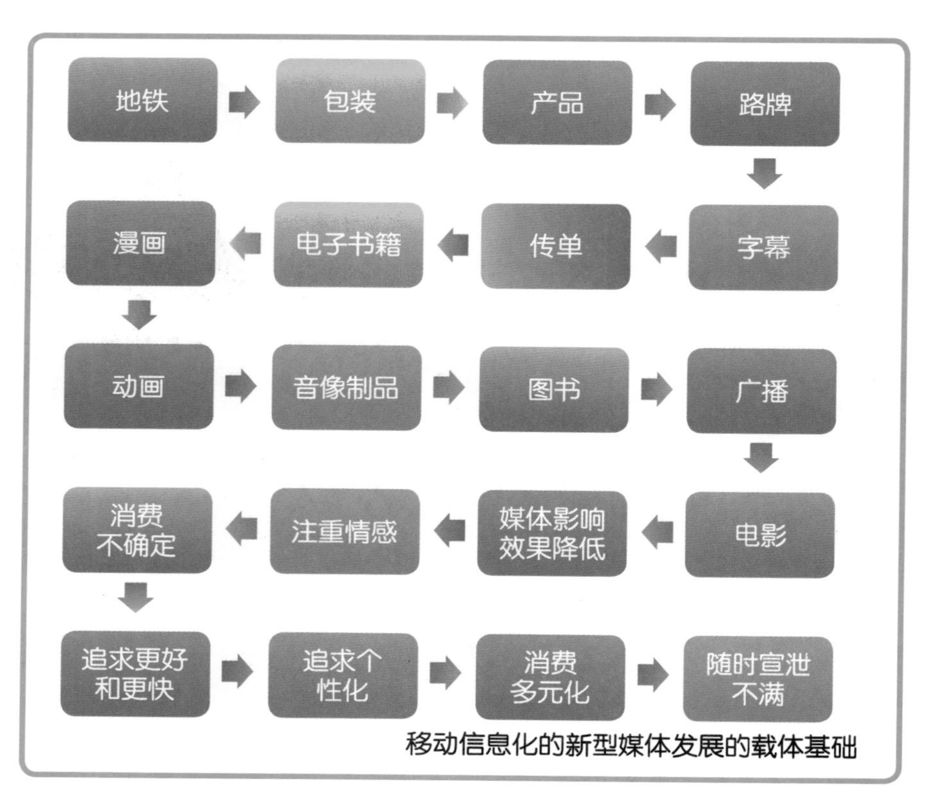

图6-6　移动信息化实现媒介资源跨时空的超级链接

移动信息技术将提升传统媒体的效能

移动信息化将贯穿传统商业的全过程，未来商业的任务就是不断培育用户接受、使用信息化产品及服务，并且让用户养成使用移动信息化产品的习惯。

基于移动信息化的新型媒体也将逐步地促进企业和品牌成为新型媒体的中心。此时，企业将掌握更多与用户互动的策略和工具，并具有自己的商业信息化传媒平台。

人性化、个性化与娱乐化将是未来商业的主流趋势，用户更愿意亲近这样的品牌和采用这样的方式。

借助移动信息化产品设计的客户互动机制，使所有关联不紧密的工具结合为一体，从发展的角度而言，虽然未来许多东西现在还看不到，但它一定存在于那些超越常规的前瞻智慧之中。

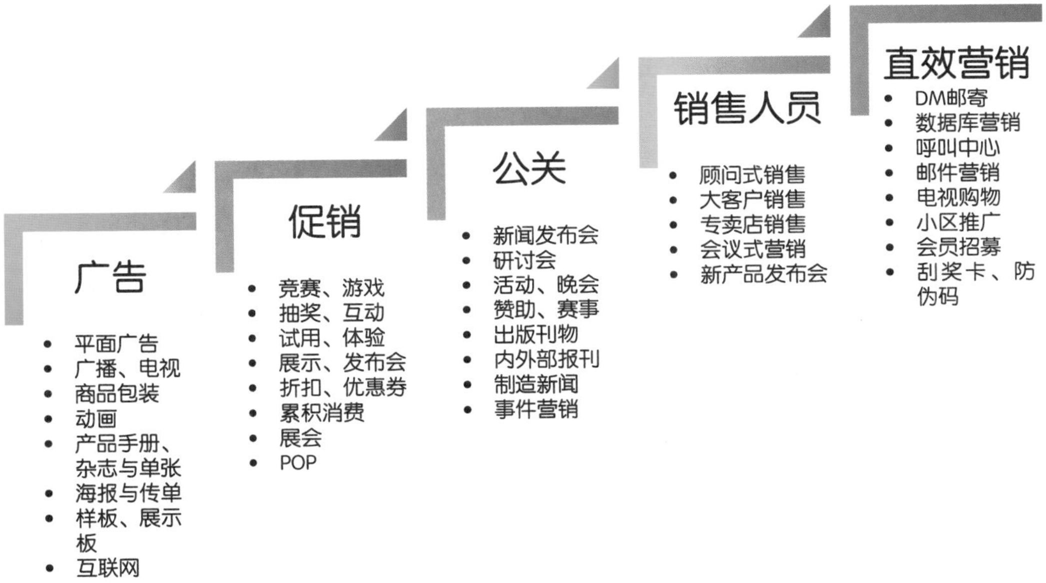

广告
- 平面广告
- 广播、电视
- 商品包装
- 动画
- 产品手册、杂志与单张
- 海报与传单
- 样板、展示板
- 互联网

促销
- 竞赛、游戏
- 抽奖、互动
- 试用、体验
- 展示、发布会
- 折扣、优惠券
- 累积消费
- 展会
- POP

公关
- 新闻发布会
- 研讨会
- 活动、晚会
- 赞助、赛事
- 出版刊物
- 内外部报刊
- 制造新闻
- 事件营销

销售人员
- 顾问式销售
- 大客户销售
- 专卖店销售
- 会议式营销
- 新产品发布会

直效营销
- DM邮寄
- 数据库营销
- 呼叫中心
- 邮件营销
- 电视购物
- 小区推广
- 会员招募
- 刮奖卡、防伪码

图6–7 移动信息化实现商业及运营商双赢

国内外信息与传媒发展趋势与现状

1993年，克林顿政府提出“信息高速公路”的国家振兴战略，大力发展互联网，推动了全球信息产业的革命。

2004年，日本政府的u-Japan计划着力发展Ubiquitous Network和相关产业，希望由此催生新一代信息科技革命，在2010年实现“无所不在的日本”(ubiquitous Japan)。

2004年，韩国的信息和通信部(MIC)则专门制定了详尽的“IT 839战略”，重点支持Ubiquitous Network。总统卢武铉更是期望通过政府与科技、产业界的紧密合作和艰苦实践，在2007年使韩国能够达到u-Korea的目标。

2005年，日立宣布，将联合日立(中国)有限公司、日立(中国)研究开发有限公司、盛立亚(中国)光网络系统有限公司三家公司，以光接入网、IP网、移动网三网为核心，为中国信息通信行业提供尖端产品、技术和解决方案。

2007年，日本NTT DoCoMo与用友移动合作，希望通过移植日本3G的成功经验，占据中国移动互联网产业的领先位置。

2007年7月，苹果3G版iPhone手机在全球22个国家上市。

2009年10月，中国联通与美国苹果公司联合在北京“世贸天阶”隆重举办了iPhone手机进入中国大陆市场的上市首销仪式。

2009年，奥巴马对IBN首席执行官彭明盛首次提出的“智慧地球”概念给予了积极的回应，并上升至美国的国家战略，在世界范围内引起轰动。

数字新媒体时代的到来意味着数字化大潮滚滚而来，将一个崭新的媒体世界推至我们眼前时，我们需要直面这个深刻的历史命题。

“任何人”在“任何地点”和“任何时间”获取“任何想要的信息”，这是所有媒介在数字化时代发展的内在驱动力和终极目标，由此带来了传统媒体和新型媒体、传统传媒产业和其他产业之间的相互交融，形成了融合化的“大媒体”。

国内外传媒业、电信业、互联网业、IT业、电子业所涌现的各种巨变背后的必然规律就是信息化和媒体化，中国手机拥有量现在是全世界第一，该如何在这种市场环境中找到突破口，实现稳定的起源和引发爆发式的应用?

全世界的信息科技发展迅速，中国如何占据未来信息时代的至高点?

移动信息化创新开放式搜索和垂直搜索

在互联网时代，搜索引擎实现了巨大的经济利益，无论是购买关键词或竞价排名都为许多商业创造了成长奇迹。

这种搜索方式使人们的生活发生了巨大的变化，人们可以不受时间、时空、地理和人员限制，获得自己想要的“任何”信息。

图6-8 手机终端成为主流媒体

基于移动信息化的新型媒体不是简单的互联网搜索模式的平移，而是基于对用户习惯、品牌需求和信息化本质而设计的新型商业模式。

表6-1 新型媒体的优势

媒体形式	传统媒体投放方式	移动信息化媒体
宣传受众	也在为竞争对手做宣传	只被自己的品牌客户知道
可复制性	客户间传播不可复制	客户间传播可复制
投放效益	集中投放才有效	任何投放都有效
能否互动	互动效果不明显	客户主动互动
媒介融合	无法整合其他媒介	整合所有媒介到手机
商家管理	投放之后无法管理	可借助平台设计和管理互动
互动工具	传统手段	最低只需要短信功能
投放时间	长时间投入才有效	短时间也有效
投放费用	长期持续投入费用	极少的费用投入，一次投入、永久互动
媒介载体	平面、视频等各种付费媒体	产品、店面、宣传资料、人员等都可以承载

移动新型媒体最终将分解和整合传统的广告业

最终，移动新型媒体将成为分解和重整广告行业的推手，通过切入商业和客户，使用连接、互动和传播的手段，在运营商的主导权下，企业和品牌最终将获得超越传统媒体形式高投入的产出比。

- 移动终端的屏幕虽然很小，但它是品牌与客户的最佳接触点，这个屏幕的力量是无穷和巨大的，商业要思考的不是如何去占有，而是如何利用。
- 移动信息化将在未来分解传统的媒体，当你使用移动互联网的时候，将会有无数个频道和应用，这个时候，传统媒体的影响力变小了。
- 移动互联网有机会链接任何媒体到手机上，传统媒体将在这种趋势下，再一次被整合。

注意力经济是一个大趋势。未来，谁能够掌握客户，吸引更多的客户对某种信息交互方式注意并持续感兴趣，谁就能获得巨大的经济利益。那时，这种媒体真正的力量才会显现出来。

未来的商业，不是企业去寻找数据库，而是客户主动找到品牌，基于移动信息化的新型媒体将成为运营用户商业需求数据的中心。

图6-9　移动新型媒体最终将分解和整合传统的广告业

不久以后，除了移动终端之外，任何媒体形式都将不是必须的，在移动信息化的运营和引导下，广告业将逐步地重新构建新的媒体规则。

构建品牌自己的精准直复营销数据库

获得了具有某种特征的客户数据或信息组合，就称之为精准数据库。尽管这种方式在一定程度上提高了企业广告投放的准确率，可随着信息爆炸和强行推送，尽管信息到达了客户那里，但往往是负面的影响远远大过正面的影响。

真正意义上的基于互动为目标的精准营销数据库，应该满足以下几个要求。

- 在销售店面、人员或广告实现多层式传播和拦截收集。
- 客户允许广告主通过某种方式发送品牌提供的某些特定的信息。
- 数据每天都被收集，最终形成品牌的动态客户数据库，数据量大不是目标，有效才是。
- 以某种互动方式开展传播，而不仅仅是单向的传播，先收到客户请求，再传送信息。
- 有更多的数据因为已经购买客户的口碑传播，被记录下来，在拥有用户信息的前提下开展深度数据挖掘和利用。

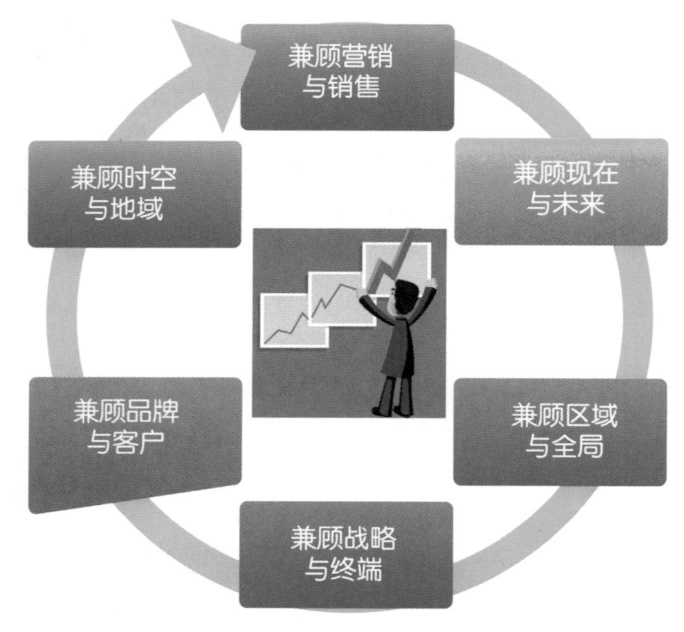

图6-10　信息化品牌的力量

商业无论大小，只要能够掌握自己的忠诚客户，就有机会营造最好的商业圈子。产品可以模仿，数据库可以购买，但客户的体验、忠诚度、习惯和乐趣绝不可能直接简单复制。

企业自己收集并经过整理的数据价值，是企业最大的永久资产，拥有自己的数据才能掌握在未来商业中最强大的竞争力。

商业的实质是对客户持续购买能力的经营过程，这也是商业中最本质的问题。

如果商业客户能够采用本书中所提供的基于移动信息化的商业互动机制，就有能力构建自己的战略终端系统，通过逐步的“圈地运动”扩张商业领地。

从品牌直达客户变革到客户直达品牌，后者则是商业的最高境界。

品牌的加法与减法

在传统商业品牌传播过程中，并不是每一次都是在做加法，有时候做出了对品牌伤害非常大的事即做了减法，企业往往并不知晓。

传播与时间、地点、事件及客户的感受有密切关系，因此，在移动信息化的传播中，最好的传播不应该起源于品牌“主动”地、“一厢情愿”地发起和推动，而是养成客户的消费习惯，并且让客户能够使用最简单的方法与品牌开展互动。

未来，每个企业都应该拥有自己的商业移动信息化媒体平台。

- 企业可以利用平台的各种功能，在渠道中设计各种丰富的商业互动方案，使每次商业活动都有声有色，使客户体会乐趣和惊喜。
- 企业将逐步地借助移动信息化工具和产品改善营销困境，升级营销模式，并在未来持续地以移动信息化为主线展开营销。

传统企业往往无法判断品牌在做加法或减法，而商业的最高境界就是在恰当的时侯作正确的传播，以最快的速度和方式响应客户的需求，这样便总是能够引起客户互动的乐趣与追逐。

这样的心态往往事半功倍且收获颇丰，将实现从被动到主动再到互动的商业变革。

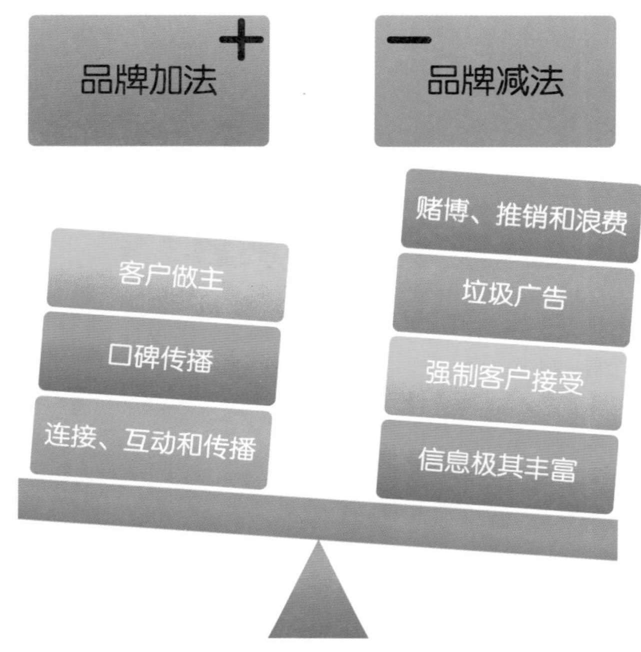

图6-11 品牌的加法与减法

移动信息化加速了品牌成长的速度，在产业政策的引导下，将为中国培育更多的知名品牌，并且带来商业的持续快速成长。

口碑营销的设计

客户口碑（Word of Mouth）来源于传播学，并被市场营销广泛应用。

口碑营销的定义

在了解客户和市场需求的情况下，提供他们需要的产品和服务，同时制定一定的口碑推广计划，让客户自动传播公司产品和服务的良好评价，从而让人们通过口碑了解产品，树立品牌、加强市场认知度，最终达到企业销售产品和提供服务的目的。

口碑营销的特点就是人们对一种产品或服务的感受很好，出于自己的感受把产品和服务传达给第三者，从而让其他人了解这个产品或服务。由于口碑营销是利用人与人之间的相互传播，而且基本上是通过朋友、同事、亲戚、同学等传播和交流，因此，可信度非常高。

图6-12 口碑营销的作用

借助移动信息化实现口碑传播需考虑以下问题。

- 客户的差异性和风险性的影响。
- 口碑传播是柄双刃剑，负面传播比正面传播更容易。
- 借助合适的工具将长期、中期和短期口碑营销的策略组合起来。
- 渠道成员、意见领袖、媒体、竞争对手、客户等因素的影响。

商业诚信尤为重要，要尊重客户的智慧，尊重商业规律。

借助手机终端，塑造新型口碑传播变得更加容易，甚至可以超越时空、地域的限制，让传播更加快捷准确。移动信息化加速形成可执行、可控制、可衡量和易被客户理解并传播的口碑营销渠道。

口碑传播的环境选择

对口碑传播的起点、流程和后续销售实现的设计是开展商业互动的关键，注重消费习惯和应用环境的选择，将有助于设计标准化传播的起源和扩散模式。

传统口碑传播更多地是利用人与人之间的面对面传播及信息传播实现，但问题的关键在于接受传播方如何参与到商业活动之中。而移动互联网与商业的结合模式将使几乎所有的口碑传播最终都整合在一起，参与方式几乎无一例外地都是通过移动互联网的入口实现整合。

根据商业需求，移动信息化可以支撑快速持久的商业互动。

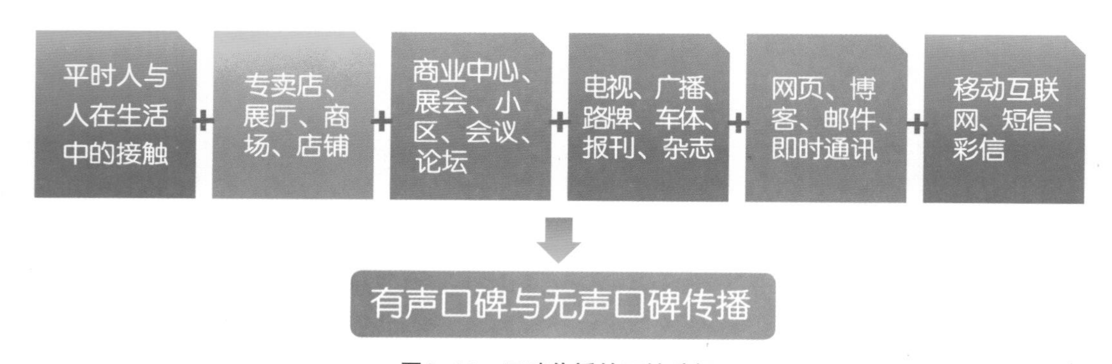

图6-13 口碑传播的环境选择

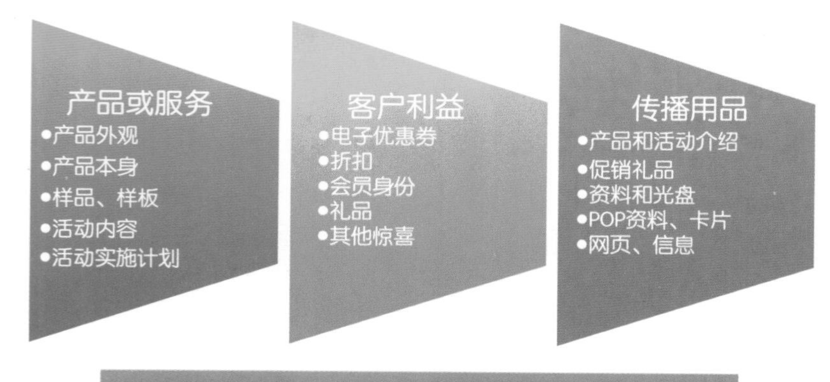

图6-14 任何传播载体都可以加载信息化互动机制

通过口碑传播寻找特定特征客户的方法

口碑传播的关键方法有如下几个。

- 客户直达品牌，通过口碑传播品牌。
- 客户参与各种商业活动。
- 让客户评价产品和服务。
- 收集客户对期望产品和服务的信息。
- 获得客户对竞争对手的评价。
- 让客户开发更多的潜在客户。
- 形成有共同特征的客户圈子。

平面
电视
互联网
人员和店铺
短信、彩信、手机报、二维码
WAP、彩铃、飞信
12580、移动搜索
传统广告
移动广告

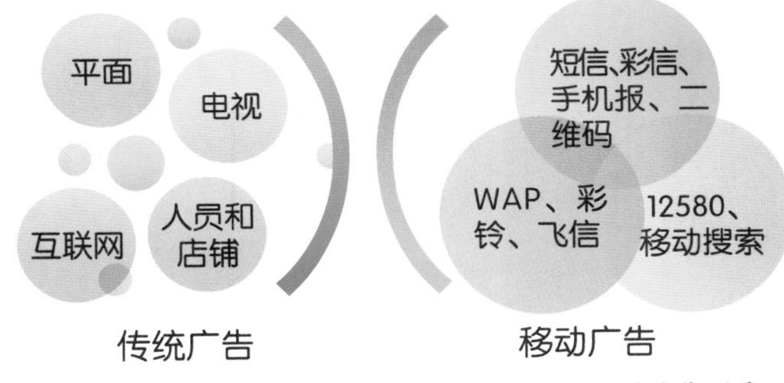

图6-15 移动广告将以更丰富的互动方式整合传统广告形式

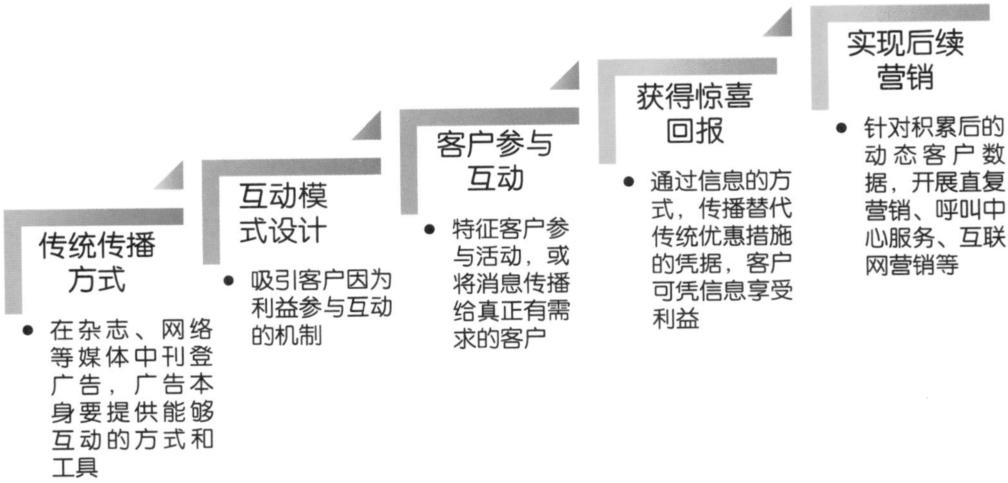

传统传播方式
● 在杂志、网络等媒体中刊登广告，广告本身要提供能够互动的方式和工具
互动模式设计
● 吸引客户因为利益参与互动的机制
客户参与互动
● 特征客户参与活动，或将消息传播给真正有需求的客户
获得惊喜回报
● 通过信息的方式，传播替代传统优惠措施的凭据，客户可凭信息享受利益
实现后续营销
● 针对积累后的动态客户数据，开展直复营销、呼叫中心服务、互联网营销等

图6-16 口碑传播的实现原理

移动广告的发展

移动广告具有广阔的市场空间。

- 移动广告前景广阔。
- 用户和广告主接受度高。
- 广告业务成为国内外运营的重要收入来源。

移动广告带来更多的商业价值。

- 收集行业资讯。
- 整合客户资源。
- 与潜在客户和客户开展互动。
- 实现品牌差异化。
- 传播品牌思想和新理念。
- 宣传产品与服务。
- 建立数字化会员中心。
- 分享会员体验。
- 完善售后服务。
- 拓展新营销机会。
- 完善在线交易。
- 手机终端链接传统媒体。

移动广告的核心是最终客户对信息和利益的需求，而不是对广告的需求。

未来的营销和传播手段要求企业必须要了解客户的需求，客户最需要和最能接受什么样的形式来获取信息和与商业互动。

在客户互动方面花多少的时间？最重要的问题不在于我们要使用哪种媒体，而是在于如何综合利用各种不同的媒体，来进行多任务、多渠道的营销。

在传统的传播媒介中，有多种指标来衡量媒体投放的效率和效果。现在，我们对媒体的衡量标准应该发生变化：每接触一定数量的客户，引发了多少客户主动与品牌互动。

商业中，与移动信息化结合的互动工具有以下几种：

BBS、网站、博客、短信、即时通讯、语音、视频、培训、展会和其他各种商业活动等；短信、彩信、12580、WAP、手机报、彩铃、飞信、二维码、移动搜索等。

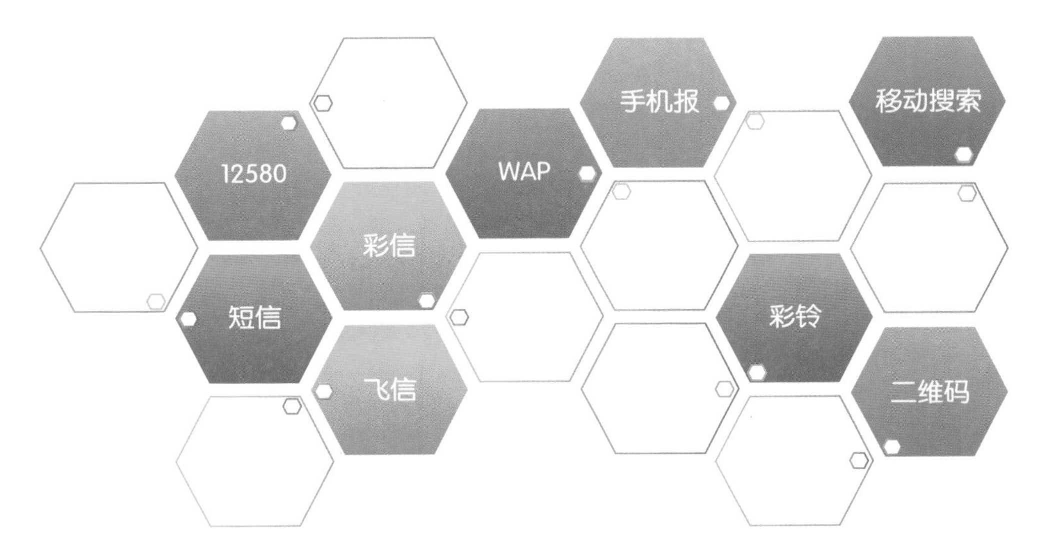

图6–17　商业中与移动信息化结合的互动工具

二维码重建传统广告产业链

首先，什么是二维码呢？

- 包含大量信息和链接的符号。
- 可印刷和可识读的计算机语言。
- 个人手持终端的识别对象。

简单地说，通过手机拍照功能或商业使用二维码扫描终端对二维码进行扫描，就能快速获取到条码中存储的信息，进行上网、发送短信、拨号、资料交换、自动文字输入等来实现上述功能。

实际上，二维码不仅仅是一个基于手机的移动互联网的接入工具，更是一个最具娱乐性的商业互动工具，同时，也是一个内容形式丰富灵活的广告平台。

二维码是移动互联网最有魅力和最富有体验的接入方式

- 引起客户对品牌的兴趣，吸引客户主动寻找信息
- 二维码可以容纳或链接：文字、图像、声音、视频、网站、电话、短信等
- 含蓄的信息传播和互动方式，商业的最佳体验，时尚人士与品牌的亲密接触
- 把各种形式的广告链接到手机上
- 相对传统的一维条形码，二维码所包含的信息量更大，安全性更高，适用的市场领域也更为宽广
- 通过这把小钥匙，可以开启一扇获取信息的大门，可以随时随地解析、查看商业信息，随心所欲地应用

手机使用二维码需要具备的条件

- 手机有拍摄功能
- 手机安装了二维码的识别软件
- 手机可以浏览WAP或WEB网页（对于某些类型的二维码上，上网功能不是必须选择）

商业使用二维码需要具备的条件

- 识别软件及管理平台
- 二维码阅读器（手持式或固定式）

复杂和简单的应用要求不同

图6-18 智能终端的快速普及降低了大规模使用二维码的难度

主流的二维码主要分为两种模式。

- 日本模式采用独立的编码规则，用户可以自己定义产品的二维码，图形本身就包含了所有的产品信息。
- 韩国模式采用自己的私有码制，它可以使用一个简单的模式，实行WAP和WEB链接。

二维码是可印刷可识别的计算机语言

二维码是移动信息化与自动识读系统的完美结合，在与商业进行深度的融合之后，能够使商业互动更具互动性和娱乐性，将使移动信息化的应用过程变得可视性更强。

更多的行业都将借助二维码，实现多个领域的信息自动化处理。

通过二维码技术可以实现娱乐、商务、营销和政务等任何领域的信息化需求，例如：信息服务、导航服务、身份识别、快捷输入、信息获取、电子交易、二维码凭证获取、快捷付款和影视娱乐等，在未来二维码将逐步成为生活中不可缺少的部分。

图6-19 两种使用较普遍的二维码

二维码的特点
可靠、准确，错误率低
数据输入速度快（可实现免键盘输入）
经济、灵活、实用
具备强大的纠错能力
点阵图形，信息密度高，数据量大
可承载和链接的信息多种多样
设备使用简单，无需专门训练
生成后不可更改，安全性高
易于制作，可用网站或软件生成
支持多种文字和图形

图6-20 二维码的特点

通过二维码生成软件可以制作各种二维码图形，包括电子名片、WAP链接、电话呼叫、短信、邮件、文本、加密文本、网页书签、博客、地图等多种应用，通过扫描识读设备扫描二维码获得各种固定信息或超级链接，从而实现丰富的商业连接、互动与传播功能。

无所不能的二维码应用

二维码借助移动互联网带宽的增加和信息技术的不断进步，拓展了二维码的应用空间，使得二维码离人们的生活越来越近。

二维码将成为新的信息传播、沟通和互动平台，为企业和个人带来更多的应用价值！

电子门票 客户吸引 预览大片 身份识别 小额购物
海报 抽奖 商业信息 新品上市 市场调研
商业包装 彩票 兑换礼品
购票 产品信息 获取公共信息
登机 电子名片 免输入信息
身份识别 地图查询 医疗保健
杂志报刊 手机阅读 铃声下载 品牌互动 排队预约
防伪 漫画下载 照片冲印 交友 物流跟踪
网址链接 电话呼叫 网页书签 邮件 加密信息

图6-21　无所不能的二维码应用

二维码推动更广泛的商业信息化应用

中国商业的丰富性必然促进二维码这种娱乐化信息技术的广泛使用和推广，最终将传统广告内容的互动需求全部通过用户的手机终端整合到运营商手中。

- 平面的广告（无论是任何类型的媒体），与二维码结合就可以突破平面广告的局限。
- 如果电影海报上有二维码，我们立刻就可以通过手机浏览片花。
- 如果再与有奖调查、投票、防伪等活动结合，就增强了互动性和监督性。
- 如果用户主动对二维码拍照，所有的信息都会反馈到服务器和数据库，广告主可以获得精确和实时的互动数据。

彩信附加二维码的下行方式将解决现阶段中国手机二维码识别软件的标准、安装和集成问题。

- 在中国通讯市场使用的手机品种非常丰富，现阶段如果想以某一种完全标准的二维码识别软件来统一全国的所有手机，是非常困难的。
- 通过彩信附加二维码的方式，将解决二维码信息的获取和兑现问题，凭借SP端口号码和二维码，客户就可以在终端获取自己想要的服务。

随着二维码识别软件在更多手机上的下载、预装和集成，未来将会有更多的人可以享受二维码给工作和生活带来的便利。

随着二维码终端识别设备在商业中的广泛安装，也会有更多的商业获得巨大的忠诚客户的动态数据群，形成以主题二维码为纽带的虚拟和现实的忠实客户群体。

表6-2　二维码为商业带来的价值与收益

角色产业链	价值	收益
运营商	监管者，规则制定者，提供通道	流量费和信息费
平台运营商	开发行业解决方案，提供平台和软件的技术支持，搭建和管理销售渠道	咨询费、定制费和维护费
设备厂家	提供识读设备，提供技术和网络支持	设备销售或出租费
媒体	销售，媒体应用	广告费
企业客户	购买，品牌的宣传和营销	营销额提升
SP公司	业务通道，监管	出租管理费
软件公司	识读软件设计	软件版权
手机厂家	软件预置	增加功能，促进销售
手机用户	使用者，获得体验和娱乐	优惠，打折等

二维码使传统多种媒体联动起来

传统媒体通常要依附于一定的表现形式才能被传播，在投入时受版面、时间、色彩、人员、设计、策划、费用、发行、时机、实施等诸多限制，并且内容一旦固定下来就无法即时更改。

移动媒体与传统媒体联动后，媒介投放不再受上述限制，可以做动态和实时的内容，使品牌与客户的互动转移至手机上，媒体真正变成一个连接中转。

这样，手机二维码作为连接件实现多种媒体联动，使传统媒体发挥最大的作用，实现更便利和更自主的品牌传播。

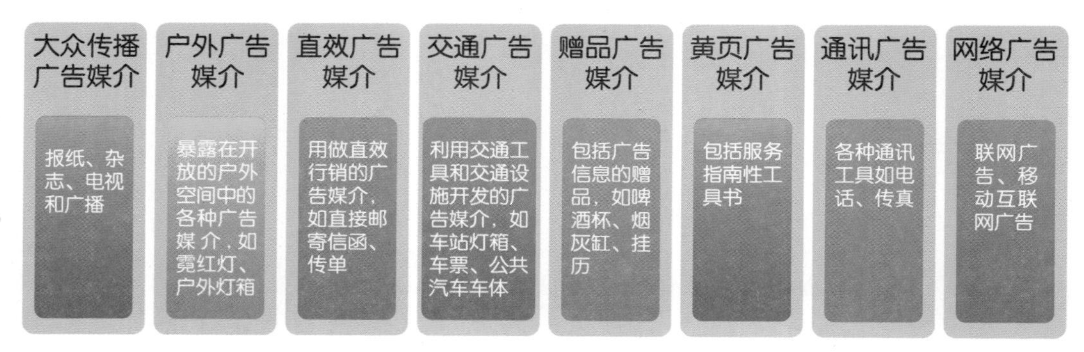

图6-22　二维码的加载对象可以是任何类型的传统媒介

二维码应用的关键部分在于这种新颖的模式更有趣味，引发了更多的客户自发口碑传播，这种免费的传播最终将实现更广泛的应用。

无论是什么类型的品牌或商业，都能够借助二维码获得发展，从而实现持续的经济收益、品牌成长和快速圈地。

图6-23　新技术应用的五种境界

生成二维码的用途和可应用场景

借助二维码这种可印刷的计算机语言，实现所有可视媒体的统一互动，使商业借助“连接”、“互动”和“传播”模式取得成功。

任何可视载体都可以使用二维码进行即时互动					
网站	广告牌	杂志	报纸	电视投影仪	展会
名片	信纸	地铁	车站	机场	路演
传单	产品包装	店招	会员卡	使用说明书	T恤
电梯	产品吊牌	小区	会议	海报	邮购目录
车体	会员通讯	产品目录	横幅	会议	手机

选择制作不同类型和用途的二维码	
发送短信	电子优惠券
电子名片	代金券
拨通电话	会员身份
获取地址	订购产品
回复短信	网站链接
订阅彩信	订阅信息
链接（博客、网址）	……

图6-24　根据需求不同生成对应二维码

二维码实现商业和运营商价值最大化

当用户使用手机识别二维条码，企业可以在任何类型的媒体上实现各种类型用户的“拦截”，并且系统将自动记录用户的手机号码，实现用户与品牌的“锁定”，之后以此展开持续的营销与传播。

使用二维码的媒介不仅仅局限于网络，可以更广泛地深入到企业宣传册、产品名录的激活媒体的活力。

将媒体资源拓展到手机平台中，这样可以方便地实现多种媒体格式的结合应用，使传统平面媒体告别单调的图文显示，将流媒体、音视频、网络与平面媒体有效结合，实现真正的“立体传媒”。

简化了烦琐的手机访问方式，客户不需要对手机进行复杂的设置，也不需要费力记录烦琐的网络入口，仅凭手机扫描二维条码即可访问企业的网站或享受企业提供的多种多样的增值服务。

企业率先采用以手机二维码形式推广服务的营销新方法，形式新颖，更加引人注意，这是实现移动信息化大规模“圈地运动”和超越竞争对手的新机会。

对于运营商而言，手机二维码的广泛应用，将彻底激活数据业务和增值业务的广泛商业化应用。

图6-25　手机二维码激活数据业务和增值业务广泛商业化应用

手机二维码帮助SP和CP业务快速突破

手机二维码业务的大力推广，对于SP、CP、终端厂商、运营商、媒体企业以及传统行业和企业，都有着极大的推进作用。

- 现有数据业务和增值业务更多地起到通道作用，二维码促进企业与媒体、生活、内容的连接、互动和传播能力。
- 传统SP多数都简单地以群发、推送和直投来推广其业务，业务转化率低，容易引起用户对品牌的反感，二维码借助任何载体的推广手段，互动、针对性强，由用户主动请求连接，真正实现C2B的目标。
- 二维码的推出，增强了用户的互动性，通过用户行为重新分类，便于SP针对不同的用户采取标准的营销方案，锁定相应的客户。

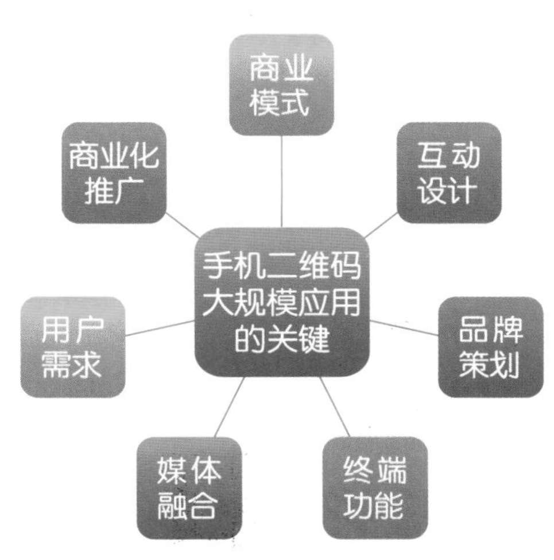

图6-26　手机二维码大规模应用的关键

- 由于市场主流手机终端的型号多样，特别是中国人对于中英文及数字混合输入的障碍。手机用户对于网址的输入一直非常不便，限制了用户的使用频率。手机二维码实现了内嵌有号码、文字、短信或URL等，增强了互动性。
- 传统商业信息难以记忆，而二维码不需要记忆，拍摄访问就可以直达目标。

通过短信、彩信、二维码、WAP等多种与手机终端关联相对较小的媒体工具，解决中国手机终端型号多和平台不标准的局限，将为下阶段的增值业务营销奠定良好的基础。

多种移动互联网入口的综合运用将为用户提供更多的选择，也将在一定程度上解决手机终端不标准的问题。

案例：移动信息化促进行业资源聚类

移动信息化与商业的结合，使传统商业思维模式中固有的思想限制得到了解放，通过互动方式，建立品牌广告主的个性化动态客户数据库，并着力持续经营客户的二次消费行为，建造虚拟的俱乐部销售网络，拥有自己的专业互动广告平台，使品牌拥有自主的媒体平台。

这个目标是传统商业梦寐以求而又难以做到的。

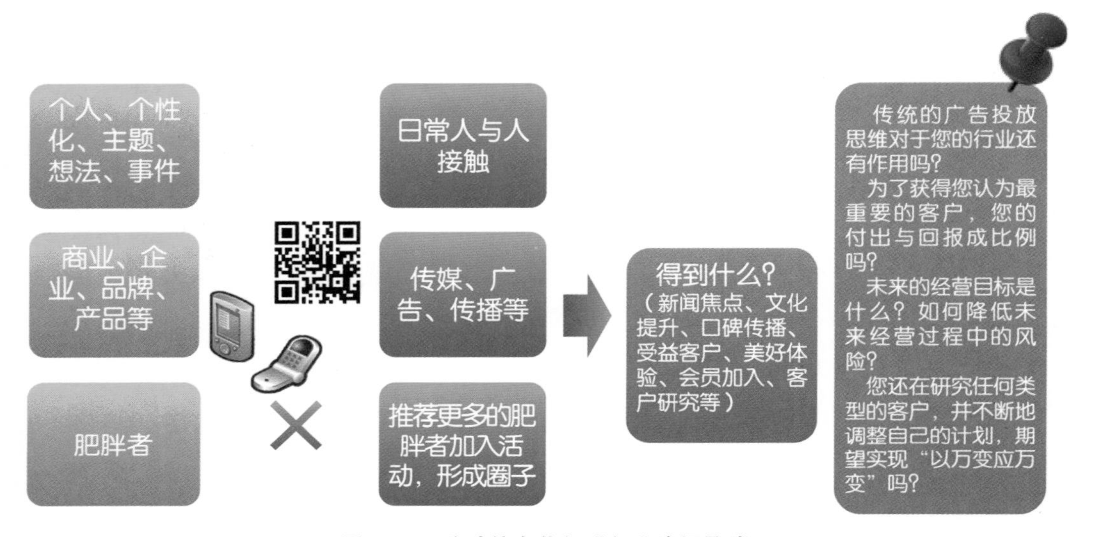

图6-27 移动信息化促进行业资源聚类

立体突破性思维模式将加速商业的变革

互联网改变了商业，移动互联网的出现将加速商业的变革。因此，对于想进入移动互联网领域的企业，我们提出以下参考建议。

- 企业要比以往更快地掌握移动互联网特性和其对用户的影响方式，研究移动互联网发展动态，掌握新技术的本质。
- 不能照搬照抄互联网模式，必须要考虑到移动终端的特性和用户习惯。
- 尽可能避免过多的研发费用投入和广告“烧钱”行为。
- 要通过整合上下游资源降低风险，产品和技术不要原创开发，可以有针对性地通过收购或者合作整合。
- 尽量在传统行业和互联网公司的基础上过渡或进入移动互联网。

- 避免技术开发狂对于产品和技术的狂热追求，而忽略了用户习惯的变化。
- 在引导和改变用户习惯方面要注意循序渐进，打持久战。
- 产品和服务千万不可以过度依赖手机终端和带宽条件等客观。
- 建立平台化思维，不可陷入事事都由自己公司去做的狭小视野。

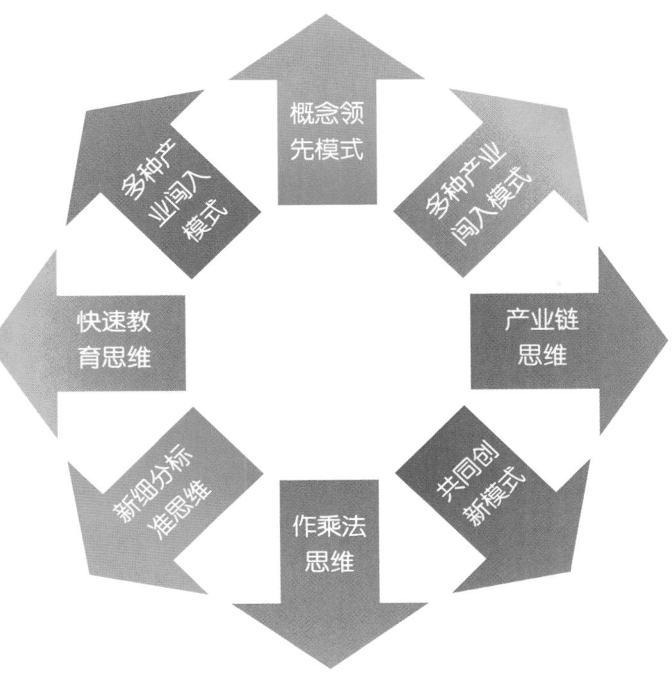

图6–28 立体突破性思维模式

借助移动互联网技术的深度应用，企业将摆脱时空限制，缩短乃至越过中间流程，构建快捷、稳定、低成本、高效率和互动的商业盈利模式。我们坚信，基于移动互联网的信息技术将创造更多的商业奇迹！

思维模式决定行为，建立立体的动态思维模式，就能够引领信息时代，在竞争中胜出！

移动信息化新型媒体与传统理解误区的对比

与以往人们对移动信息化新媒体的理解和操作对比，我们发现，过去移动信息化的价值并未被发现和正确运用，并因此造成了人们对移动信息化新媒体的误解和反感。

从全世界范围来看，各国普遍把新型媒体理解为单纯的信息载体，这样，其在商业方面的价值将大打折扣，以往的模式也并不适用于中国国情，在这个点上的创新将产生巨大的应用空间。

表6–3 移动信息化新型媒体与传统理解误区的对比

对比因素	信息化媒体以往应用	移动信息化媒体发展方向
传播方式	传播方式单一，主要以短信为主	短信、彩信、WAP、即时通讯、音乐、阅读、游戏、FLASH、下载、搜索、手机操作系统、二维码、客户端等
传播内容	主要以文字为主	内容和形式丰富
信息来源	一对多传播，大众化	一对一传播，个性化
互动方式	单向传播，基本无互动	主动请求、双向互动、自助服务
用户信任	用户反感，直接删除	信任，储存或记忆
信息容易	有限	海量
商业价值	以广告价值为主	娱乐、消费、沟通、广告、媒体、信息获取等商业价值
用户传播	极少转发	可以在自己的圈子中广泛分享和传播
后续应用	持续单向传播	被用户锁定
合法性	产生大量垃圾信息，不合法	响应用户请求，完成互动，获得许可
终端要求	普通手机	具备一定的多种信息交互功能
数据库	无互动数据库	形成互动数据库

商业应用移动信息化成功与失败的可能

移动信息化帮助商业简化决策方式，对于企业的发展来说，需要更多地依靠系统，更少地依靠人，基于系统的技术能够减少人对系统的干预，提高成功率。

因为移动互联网与其他行业结合的复杂性，使得这种技术的广泛应用必然要跨越这些障碍。商业采用移动信息化产品时，必须建立全面清晰的战略部署，并且与现有战略紧密结合。

在未来，移动互联网的应用技术只存在于后台，对于商家和客户而言，他们所感觉到的就是无限的便利与惊喜！

表6-4 商业应用移动信息化成功与失败的可能

序号	成功的应用	失败的应用
1	引发客户兴趣，使客户对品牌真正感兴趣	客户兴趣有限，对品牌概念不清晰
2	获得对品牌和购买过程的良好体验	购买体验不佳，感觉被极力推销
3	客户对于品牌的传播津津乐道	不知道该如何传播给其他的潜在客户
4	获得最有价值的客户信息和数据	获得了客户数据，但无法更好地应用
5	与客户共同进行品牌的建设与维护	与实际执行情况脱节，看不清楚全貌
6	共同打造一个花园般的主题社区	品牌仍然很孤独，每次活动之间缺乏关联
7	被客户驱动，获得持续不断的盈利能力	只取得了短期的效益，后续策划力不足
8	与客户深入互动，客户喜欢这种互动带来的惊喜	没有互动，没有惊喜
9	鼓励客户参与到创新与改进之中	不希望客户过多为企业提供建议和意见
10	通过与客户的共同配合实现品牌目标	品牌只按照自己的想法做事

全局审视力 → 空间想象力 → 业务创造力 → 商业执行力

图6-29 移动信息化助力商业腾飞

本章思考和讨论

配合本章的内容请思考和讨论下列问题：

一、移动信息化媒体的价值有哪些？

二、新型媒体的特征是什么？

三、你如何理解移动信息化的平台化、媒体化和商业化？

四、移动媒体与传统媒体在运营时的差异是什么？

五、传统广告业对移动广告的理解误区是什么？

六、信息与客户之间的鸿沟是什么？

七、如何把任何类型的媒体内容链接到移动终端上？

八、新型媒体对传统媒体的影响是什么？

九、品牌如何借助移动信息化获得自己的客户数据库？

十、品牌的加法与减法是什么意思？

十一、你如何理解从被动到主动再到互动的商业变革？

十二、如何设计基于移动信息化的“口碑传播”模式？

十三、运营商可以借助哪些现有的信息化产品发展移动广告？

十四、二维码的本质是什么？

十五、二维码在商业中的用途有哪些？

十六、二维码如何实现与传统媒体的联动？

参加移动信息化培训和认证，开展商务合作，请与我们联系。

详情请浏览网站

www. newseeyou. com

第七章 移动信息化课程学习计划

《移动改变生活》系列丛书

本丛书以全面推进中国移动内部和外部各行业的“移动信息化”相关产品和服务的大规模传播、教育和营销为目标，通过开发教材、出版、教育、咨询、传播和营销等多种手段及方式助力中国移动实现“移动改变生活”的战略愿景，为个人用户、企业用户及行业用户呈现移动信息化的理念、模式、价值和解决方案。

本系列丛书将陆续推出《移动信息化》、《移动个人应用》、《移动商务应用》，敬请关注。

丛书之一《移动信息化》

- 主题：信息化的商业力量
- 提练移动信息化的价值、内涵和外延，全面促进移动信息化与商业的深度结合
- 侧重点：拓展思路，呈现未来趋势，强调理念、标准、扩展和前瞻

丛书之二《移动个人应用》

- 主题：数据业务的增值业务应用指南
- 以个人用户为中心，增强个人业务的普及，实现产品和服务的清晰易用、快捷体验与引导订购
- 侧重点：增强普及，以用户为中心，强调产品、实用、清晰和易用

丛书之三《移动商务应用》

- 主题：呈现移动电子商务新价值
- 结合行业的信息化需求，呈现信息化的商业价值，通过组合产品和深度应用推进行业移动信息化普及
- 侧重点：结合行业，呈现产品价值，强调标准、实例、行业和实用

图7–1 《移动改变生活》系列丛书

《移动改变生活》系列丛书助力移动信息化发展

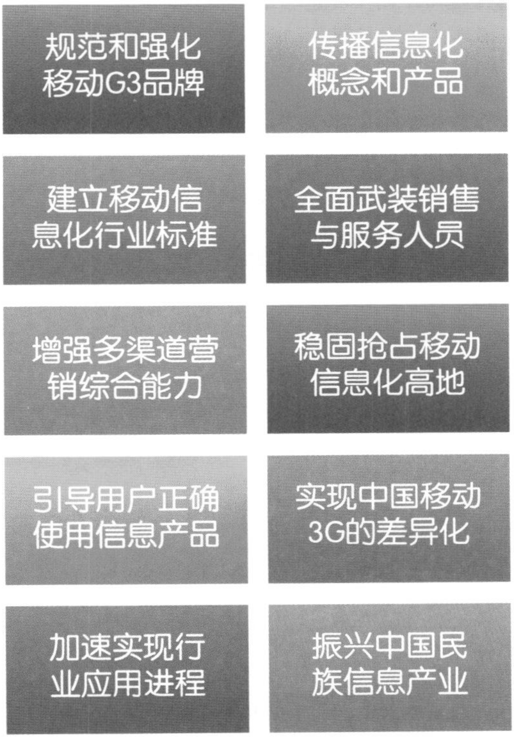

中国移动积极建立中国的自主信息产业标准，围绕这个目标需要进行大量由标准到产品，进而深入到各类型营销渠道和各种类型用户的深入教育、传播、营销、体验和服务工作，这是确保中国移动在未来移动信息时代居于持续领导和领先地位的最佳保障。

中国移动通过《中国移动创新系列丛书》作为中国移动“技术创新的引擎”，服务全公司发展战略、展现科技领先和推动创新研发而发起设立的行业精品图书出版项目，传播先进文化思想、宣传中国移动未来发展愿景、提升行业引领能力、推动产业发展，在展示中国移动“优秀企业”实力的同时，树立中国移动精品图书品牌。《中国移动创新系列丛书》立足信息通信产业，树立行业精品图书品牌，体现了“流行”、“实用”、“独特”、“教材”、“支撑”等特点。

规范和强化移动G3品牌
传播信息化概念和产品
建立移动信息化行业标准
全面武装销售与服务人员
增强多渠道营销综合能力
稳固抢占移动信息化高地
引导用户正确使用信息产品
实现中国移动3G的差异化
加速实现行业应用进程
振兴中国民族信息产业

图7-2　最终实现“移动改变生活”的战略愿景

新西游公司顺应移动信息时代的大趋势，结合自身以往在移动信息化方面的研究成果，与中国移动研究院联合开发和出版《移动改变生活》系列丛书（该丛书为《中国移动创新系列丛书》的子系列丛书）。

双方共同深度开发移动信息化发展与创新商业模式，同时又迅速建立具有全国影响力的实效内外部教育课程和文化传播体系，面向各种类型用户和在多种渠道中开展整个TD体系信息化产品的深度教育、传播和营销，从而实现标准的可持续开发、移动品牌深耕和全局营销能力的全面提升。

企业和用户对《移动改变生活》系列丛书的需求

促进移动信息化研究和发展的需要

信息化必然会对传统的商业模式产生影响、冲击和变革，符合中国国情的移动信息化产品及因此变革的商业模式需要更多的研究和实践。

移动信息化产品和服务研究的意义重大，对于引领和接纳用户（用户、院校、行业、员工和市场等）创新、对现有产品的持续改进、对下一代产品的开发需求和方向把握，以及指导整合移动互联网上下游资源等工作具有重要意义。

中国移动将成为移动信息化的标准

运营商是信息时代的主角，首要责任是搭建好巨大的移动互联网信息一站式应用平台。

中国移动是世界上最大的运营商，移动信息化是信息技术与个人、家庭、企业、商业和行业等结合的应用产品及服务，中国移动先入为主，建立了最权威和有影响力的移动信息化平台，成为移动信息化领域的事实标准，其众多产品和服务以平台化的方式为企业所应用，为国家信息化建设作出贡献。

信息化的本质、内涵、外延及价值，需要与中国国情结合，并且不断创新和发展。

促进移动信息化产品的标准化

中国移动要定义和落实移动信息化开发与应用的目标和方向，规范和引领行业发展，以恰当的理论体系和商业模式呈现信息化的真正价值，同时用移动信息技术为各行业提供正确的指引。

现阶段，全国各移动公司和各行业用户对信息化的理解和实践进展仍然处于探索阶段，本书将增进中国移动内外部人员对移动信息化理论、产品及服务的统一认识和理解。

为中国移动服务供应商指引方向

中国移动众多的行业信息化应用提供商、SAAS应用提供商、系统及业务集成商、软硬件提供商、销售代理商等外部合作伙伴共同开发和营销移动信息化产品，在这种情况下，合作伙伴需要有规范指引，才能更快更好地促进移动信息化产品的标准化进程。

规范全国移动营销和服务人员

移动信息技术最终将基于数据业务、增值业务和行业解决方案实现大规模营销，因为移动信息化具备的复杂性与行业适应性，在体验、传播、营销和服务过程中需要大批专业的顾问式销售人员，本丛书可成为人员营销与服务工作的参考书或培训教材。

满足传统企业和行业的深度学习

信息化的成功在于与各行业应用紧密结合，其利益在于广大人民群众的广泛应用，移动信息化应该以改善人们的生活品质为目标。

移动信息化是一个需要发展的新兴领域，市场迫切需要开展广泛的传播与教育工作。

个人、家庭、企业和行业用户存在客观的学习需求，但目前的认知领域主要来自社会不太正规和不太专业的培训机构，如果能够为他们提供针对性和适用性的对应移动信息化教育，就可以少走弯路，更便捷和正确地选择自己适用的产品与服务。

呈现和传播成功的行业应用案例

中国移动许多省、市公司的成功信息化应用案例将借助本书的平台进行标准传播和共享，案例也将随着移动信息化产品的研发及各地市的最新案例每年更新，使本书时刻与时代保持同步，引导更多的行业移动信息化工作顺利推进。

《移动改变生活》系列丛书从技术到市场再到用户

《移动改变生活》系列丛书具有以下价值。

- 控制：全力促进中国移动对移动产业链的控制能力。
- 标准：通过对标准概念的抢占引导移动信息化方向。
- 引领：引领产业链相关公司的业务开发与应用方向。
- 规范：强力规范中国移动面向行业用户的传播标准。
- 优势：建立中国移动在移动互联网的绝对领导优势。
- 整合：有效整合和系统传播世界领先的信息化资讯。
- 传播：培育中国自主知识产权权威标准的持续传播。

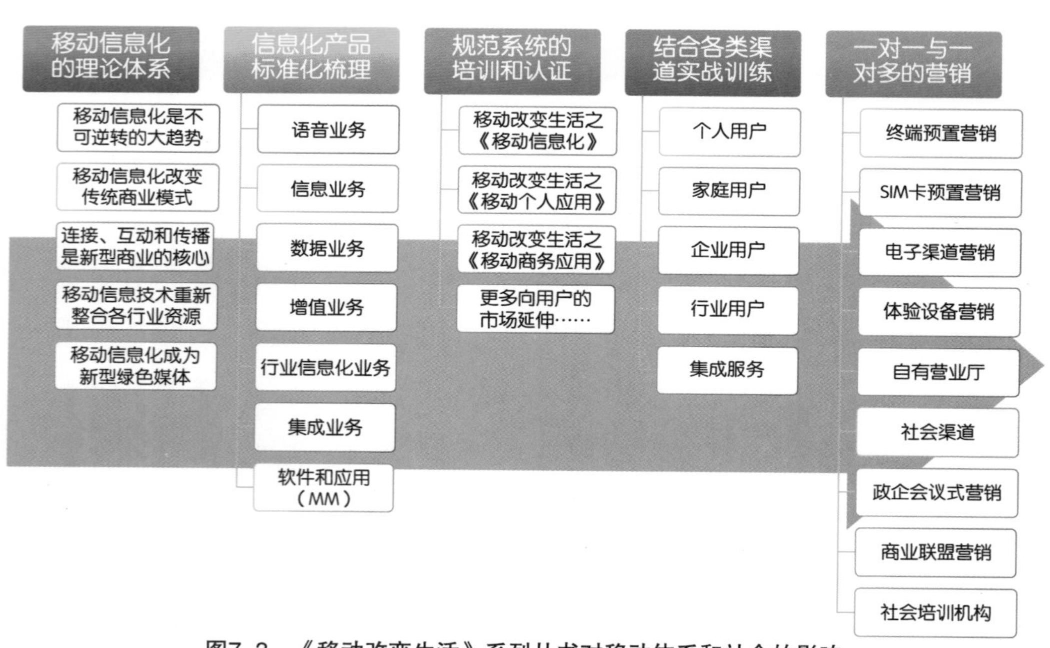

图7–3　《移动改变生活》系列丛书对移动体系和社会的影响

移动互联网产业的发展不能仅仅局限于产品，而应该实现系统化地开发与标准化地执行紧密结合，通过正确的连接、互动和传播，实现中国移动信息化产品和服务的大规模传播与营销，这种方式实现了低成本、可复制、高效率和广泛性的目标。

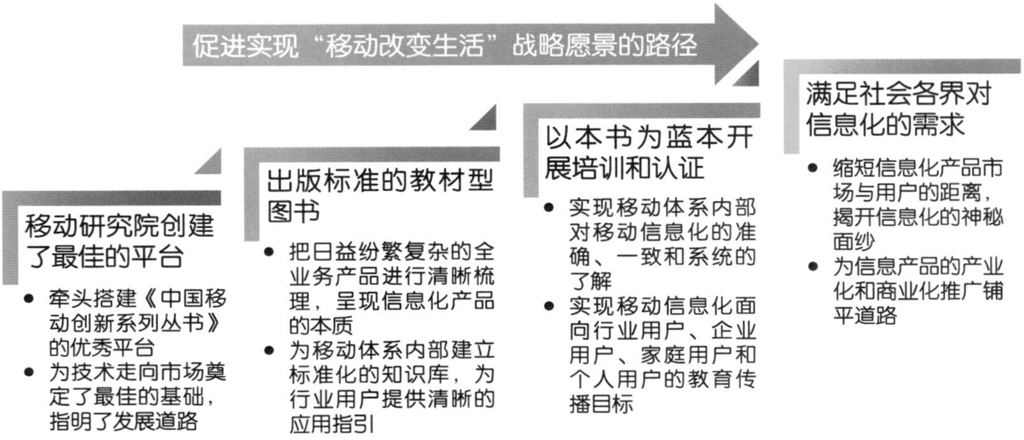

促进实现“移动改变生活”战略愿景的路径

移动研究院创建了最佳的平台
- 牵头搭建《中国移动创新系列丛书》的优秀平台
- 为技术走向市场奠定了最佳的基础，指明了发展道路

出版标准的教材型图书
- 把日益纷繁复杂的全业务产品进行清晰梳理，呈现信息化产品的本质
- 为移动体系内部建立标准化的知识库，为行业用户提供清晰的应用指引

以本书为蓝本开展培训和认证
- 实现移动体系内部对移动信息化的准确、一致和系统的了解
- 实现移动信息化面向行业用户、企业用户、家庭用户和个人用户的教育传播目标

满足社会各界对信息化的需求
- 缩短信息化产品市场与用户的距离，揭开信息化的神秘面纱
- 为信息产品的产业化和商业化推广铺平道路

图7–4　促进实现“移动改变生活”战略愿景的路径

移动信息化专业人才培训与认证计划

中国移动全国各地一线管理与营销人员对移动信息化的知识有强烈需求，许多地市公司在这个从技术到市场的深入过程中不断探索，但在成效、成本、模式、可复制方面却存在较大的瓶颈。

通过切实地贯彻从技术到市场的连接点，组织技术和市场专家开展培训认证，就可以把强大的市场导向指引给各地市，实现由点到面的全局影响。

通过培训认证，使市场人员更加明确移动信息化产品的规律和知识，从知识到行动全面武装，把握市场命脉，实现业绩的腾飞，全面促进信息化产品与市场的深度结合，实现移动信息化的快速普及与发展。

本课程适用的人群

1. 中国移动集团高层管理者、各省市公司决策者、相关部门负责人。
2. 政企大客户部、家庭客户部、个人客户部、大客户服务部。
3. 信息化中心、产品设计中心、研究机构。
4. 自有销售与服务人员、社会渠道销售与服务人员。

5. 行业信息化应用提供商、 SAAS 应用提供商、系统及业务集成商、软硬件提供商、销售代理商等外部合作伙伴。
6. 各类策划公司、培训公司、咨询公司等。
7. 互联网公司、移动互联网公司。
8. 软件技术公司、投资机构。
9. 政府机构。
10. 广告公司、互动型营销中心、策划中心。
11. 个人、家庭、企业及行业用户。
12. 高校相关专业学生参考读物。

报名方法:

请登陆minformat@139.com了解详情并预约登记。